JN051586

Introduction to **Drone Level 4 Operations**: Handbook for Local Government, Business, and Education

Shinji SUZUKI　Hiroko NAKAMURA

鈴木真二＋中村裕子 編

ドローン活用入門

レベル4時代の社会実装ハンドブック

東京大学出版会

Introduction to Drone Level 4 Operations:

Handbook for Local Government, Business, and Education

Shinji SUZUKI and Hiroko NAKAMURA, Editors

University of Tokyo Press, 2022
ISBN978-4-13-062845-7

はじめに

　ドローンのニュースは毎日のように報じられている．その内容は，過疎地でのドローンによる物流や災害時の空撮による被害調査のような社会課題の解決を目指すものがある反面，その対極として，ウクライナでのドローンによる攻撃のような軍事的なものがある．空を飛ぶ機械としての航空機も，ライト兄弟がその飛行に成功した直後から，偵察や攻撃といった軍事的な用途と，人や物の移動手段として人々の生活を豊かにする用途を持っていた．無人の小型航空機としてのドローンもそうした二面性を本質に具備しているといえる．また，航空機の発達の歴史が，悲惨な航空機事故を教訓として，世界共通の航空に関するルール形成を経て今日に至っている点も留意する必要がある．それは，飛行安全の維持のみならず，人々の生活や健康を脅かす騒音や排気ガスへの国際的な基準を必要とし，また近年では，地球温暖化への対策としての CO_2 排出削減目標も国際的な合意が求められる．小さな玩具としても楽しめるドローンが登録を必要とし，場合によっては機体の安全認証や，操縦者の技能証明を要求するのは，ドローンが用途の二面性を有し，空飛ぶ機械としての宿命を背負っているからに他ならない．

　ちょうどわが国では，2020 年の航空法改正により，2022 年 6 月からドローンの登録制度が開始され，2021 年に航空法改正により，2022 年 12 月から，有人地帯目視外飛行（レベル 4 と呼ばれる）を可能とする新たな制度が施行される．新制度においては，機体の安全認証や，国家操縦ライセンス，および運航における安全確保措置が，機体および飛行状況において求められる．これらはドローン利用の手軽さを削ぐものではあるが，さまざまな産業利用を進め，ドローンの社会実装を進めるうえでの環境整備と捉えるべきと考える．たとえば，今日，私たちが自動車を自由に使えるのも，車両が認証を受け，使用者が登録し，定期的に検査と整備を受け，運転者の技能が運転免許によって必要な水準が維持されるとともに，道路や信号機といったインフラが整備されているからといえる．それを思えば，ドローンの社会実装を可能

にするためには制度やインフラの環境整備が必須だと理解できよう．

　第1章前半では，編者の鈴木が在籍した研究室において，ドローンの利活用を目指した活動から，災害活用，ドローン輸送への取り組みを紹介したあと，ドローンの歴史と技術を概括し，その延長としての「空飛ぶクルマ」の開発状況を述べる．後半では，ドローンや「空飛ぶクルマ」の法制度を「次世代エアモビリティ」として俯瞰的に捉え，米国，欧州，日本の方向性を概観した．

　第2章では，物流，観光，災害対応，設備点検などドローンの社会実装を先駆的に取り組む自治体およびそれを推進する民間団体，政府の活動を紹介する．ここでは，欧州46都市の都市型エアモビリティーコミュニティ UIC2 を参考に，日本無人機運行管理コンソーシアム（JUTM）において編者の1人である中村が立ち上げた UIC2-JP に参加する大分県，富山県，長崎県，兵庫県，福島県，三重県がその取り組みを語り，それに先駆け，オブザーバーとして参加する内閣官房小型無人機等対策室が政府としての取り組みを紹介する．

　第3章では，具体的な産業事例の取り組みを東京大学工学系研究科において組織された「スカイフロンティア社会連携講座」の構成事業者[1]である，東京大学，楽天グループ株式会社，ヤマハ発動機株式会社，日本化薬株式会社，一般財団法人日本海事協会，ブルーイノベーション株式会社と JUTM が，それぞれのフィールドでの活動をまとめた．

　第4章では，ドローンの開発，利用に向けた人材育成の課題に焦点をあて，初等・中等教育から高等教育，そして社会人向けまでの実践的活動に関して活動を実践している方々に活動の理念と実例を執筆いただいた．

　最後の第5章では，ドローンを安心して社会が受け入れるための「社会受容性」の考え方から，ドローン飛行にかかわる法的な課題，そしてドローン飛行によって発生しかねないリスクの評価手法など，ドローンと社会との関係に関してそれぞれの第一人者の方がまとめた．

---

1)「スカイフロンティア社会連携講座」はここに挙げた7社の他，株式会社日立製作所が参画する．日立製作所は JUTM の事務局支援を行なっている．

　本書は，このようにレベル4飛行幕開けに向けた改正航空法施行のタイミングに焦点を合わせ，ドローン活用入門のための社会実装ハンドブックとなることを目指したものであり，ドローンが現在の日本社会が抱える多様な社会課題の解決に真に役立てるものとなるよう，本書が利用いただければ幸いである．最後に本書が上梓できたのは，中村裕子先生のドローン社会実装への篤い思いと，執筆いただいた関係者そして東京大学出版会のご尽力のおかげであり，お礼申し上げたい．

2022 年 10 月 22 日

鈴木真二

目 次

第 3 章　産業に活かすドローン ……………………………………57

第1章 | 次世代エアモビリティの社会実装に向けて

1.1 | はじめに

　ドローンという言葉が最初にマスコミを賑わしたのは，無人航空機が使用されたボスニア・ヘルツェゴビナ紛争のときであろう．衛星からの信号を受信して位置を認識できる GPS（Global Pointing System: 全地球測位システム）を利用して遠隔操作で離陸したあと自動で飛行できる無人航空機は，機体から撮影した映像を衛星通信によって送信可能な偵察機として実戦投入され話題となった．現在，ドローンと呼ばれる無人航空機は，もちろんこうした軍用機ではなく，だれでも購入して利用できる小型の無人航空機であり，こうした小型無人機をここではドローンと呼ぶ．こうしたドローンがマスコミを賑わしたのは，Amazon が注文された商品を倉庫から，顧客の玄関先までドローンで届けるプロモーションビデオを発表した，2013 年のクリスマスシーズンのことであった．その後，ドローンの各種産業利用が世界的に活発になり，ドローンはこれまで利用されてこなかった低高度空域での「空の産業革命」を拓くと期待されている．

　一方で，ドローンの悪用や，落下事故も報道されるようになり，その利用に関する制度設計も各国で進められることになった．日本では，2015 年 4 月に首相官邸の屋上に不審なドローンが落下していることが発見されたことがきっかけとなり，同年，航空法の改正により，小型無人機に関する制度が導入された．これは規制強化ではあったが，日本国政府はドローンの産業利用推進も意図し，当時の安倍総理は「2018 年までにドローンによる物流を可能にする」ことを官民対話の中で表明した．この発言を受ける形で，2015 年 12 月には「小型無人機に係る環境整備に向けた官民協議会」[1] が開催され

た．この官民協議会はドローン利用に向けたロードマップを 2016 年に作成し，毎年改定されている．こうした状況で，2021 年の航空法の改正により，機体認証制度，操縦ライセンス制度が導入され，有人地帯での目視外飛行（レベル 4）に向けた制度が整い，本格的なドローン利活用の準備が進んでいる．

技術的には，ドローンの大型化も進み，人を運べるほどの機体の開発も行われている．こうした機体は，「空飛ぶクルマ」と呼ばれ，電動で垂直離着陸できることが特徴であるため eVTOL とも呼ばれている．ドローンよりも上空を飛ぶことが想定されているが，やはり低高度空域の利活用を可能にする意味で，「空の移動革命」として，「空の移動革命に向けた官民協議会」[2] が新たに組織されその実現に向け官民連携による検討が進められている．

「空の産業革命」，「空の移動革命」の目指すところは，豊かな生活の実現であり，日本が抱えている，少子高齢化，自然災害の解決策として期待されている．ただし，空飛ぶ機械が持つ根源的な課題である安全性への懸念，騒音，プライバシー保護，経済性などを克服する必要がある．ここでは，「空の産業革命」，「空の移動革命」へのニーズと，その技術および制度の動向を概観したい．

1.2 ドローンへの期待

ドローンによる産業利用を機能別に分類すると表 1.1 にようになる．ここでは，筆者の体験をもとに，災害時の空撮と，ドローンによる輸送を説明したい．

1.2.1 災害時の空撮利用

2011 年に日本を襲った東日本大震災では，ドローンなど無人ロボットの

---

1) 首相官邸政策会議「小型無人機に係る環境整備に向けた官民協議会」，https://www.kantei.go.jp/jp/singi/kogatamujinki/index.html
2) 経済産業省「空の移動革命に向けた官民協議会」，https://www.meti.go.jp/shingikai/mono_info_service/air_mobility/index.html

表1.1 機能によるドローンの産業利用分野

空撮	• 撮影 • 点検，測量 • 災害対応
輸送	• 配送 • 緊急物資輸送
空中散布	• 農薬散布 • 薬剤散布
電波中継	• 携帯電波の中継 • 操縦電波の中継
観測・サンプリング	• 放射線計測 • 気象観測

必要性が大きく認識された．筆者らは震災数ヵ月後の2011年6月に，関東エリアで津波による人災の発生した北九十九里の飯岡海岸で，固定翼無人機による津波被害の調査を行った．

このとき使用した固定翼無人機は，研究室で開発したものであった．バッテリー駆動の電動機で，あらかじめ決められた経路を自動飛行することが可能であった．翼幅1.7 m，離陸重量2.0 kgと小型なため，手投げによる離陸が可能で滑走路も不要であった．この機体は，2005年愛・地球博において開催された「プロトタイプロボット展」のためにNEDO（新エネルギー・産業技術総合開発機構）の支援で開発した高機能飛行ロボットをベースとし，空撮用の無人航空機として産学連携で開発され[3]，神戸市長田区での防災訓練（2005年），広島県八幡湿原での森林植生観察（2005年より），新潟県旧山古志村地震での災害調査（2005年）などにより，2008年には「消防防災ロボット・高度な資機材等の研究開発，実用事例」消防庁長官賞特別賞を受賞した[4]．

飯岡海岸での空撮では，マニュアル操縦により高度150 mに上昇後，GPSを利用した自動飛行により，動画と静止画を取得し，海岸の砂浜にマニュアル操縦で着陸した（図1.1）．バッテリー容量の制限で飛行時間は15分はど

3) 辰巳薫，廣川類，實松洋平，鈴木真二，土屋武司，久保大輔，小型自律飛行ロボットシステムの開発と飛行試験，日本航空宇宙学会誌，54(6), 41-44, 2005.
4)「消防防災ロボット・高度な資機材等の研究開発，実用事例」消防庁長官表彰者，決定 ～ 自治体消防制度60周年記念，Robot Watch（2008.7.9），https://robot.watch.impress.co.jp/cda/news/2008/07/09/1177.html

図 1.1　津波被害調査で使用した小型無人機
（飛行ロボット）

で，SD カードを取り出すことで記録を回収した．有効性は確認できたものの，このときには，開発に参加した企業の判断で事業化までには進まなかった．今の技術であれば，離陸から着陸までの全自動飛行も可能で，動画も無線画像伝送によりリアルタイムでモニターすることが可能であり，より大型の災害用固定翼無人機の開発を進める企業も出現している[5]．

　災害時の利用に関しては，マルチコプタータイプのドローンはすでに被害状況調査などで進んでおり，2021 年に発生した熱海土砂災害においては，ドローンにより撮影された写真により作成された被災地地図が捜索活動を支えると報道されている[6]．災害現場には防災・救急ヘリ，自衛隊ヘリ，報道ヘリなどが多数飛来するなかで，無人航空機の利用が増えた場合，空中衝突やニアミスなどの二次被害が懸念され，管理システムの整備が求められる．

5）無人航空機で，空からの広域災害支援システムの構築を目指す「テラ・ラボ」（ICC
　FUKUOKA 2021），（2021.5.16），https://industry-co-creation.com/catapult/67550
6）熱海・土石流災害でも活躍．「ドローン」撮影の写真が捜索活動を支える地図になる，
　FNN プライムオンライン（2021.9.6），https://www.fnn.jp/articles/-/233371

1.2.2 ドローン輸送

ドローンで物資の輸送を行う試みは各地でなされている．筆者の在籍した研究室では，2014年の秋，AED（自動体外式除細動器）をドローンで運べないかという相談を受け，ゴルフ場を借りて実証実験を行った．AEDは，日本では，2007年から一般でも使用できるようになり，公共施設にも備えられているのを目にするようになった．心臓発作などで，心室細動が起きた場合は，AEDをいち早く作動させることが求められ，心肺蘇生方法を開始する時間が10分遅れるとほぼ助からないといわれている．オランダやカナダなどの海外で，ドローンを用いてAEDを緊急空輸する実験が実施されており，AEDの普及活動に参加する慶應義塾大学医学生が，日本でも可能性を確認したいとのことであった．

AEDはバッテリーを内在し，軽量なものでも2.5kgほどあり，研究室で保有していた8枚プロペラのドイツMikroKopter社のドローンを利用することになった．カタログでは，2.0kgを10〜20分飛行させることができるとされていたので，学内の野球場で試験飛行させ，2.5kgのAEDを搭載できるか確認した．実証実験の場としてはゴルフ場が選ばれた．救急車の到着に時間がかかる郊外で，AEDの設置場所が離れている広いフィールドで，さらに，高齢者が運動を行うゴルフコースは最適であった．また，ドローンの飛行安全に関しては，一般の人が進路に存在しておらず，高いビルや送電線が存在しないことが望ましく，自動飛行のためにGPSからの信号を捕獲できる場所であることが必要である．ゴルフ場の木々は，10m程度の高さにそろっているため，こうした条件をすべて満たしていた．

2015年1月11日，千葉のゴルフ場が休館日に実証実験を実施した．クラブハウス前から高度15mまで上昇し，着陸地点上空まで直線的に水平飛行し着陸させることにした．ドローンに搭載されたGPS受信機により位置は測定でき，高度情報は，GPSには誤差が大きいので気圧高度計から取得し，離陸から着陸まですべて自動で実施できた（図1.2）．今回は，最初の飛行でもあり，飛行速度は低く設定しており，150mを2分ほどで着陸地点まで到着し，その後，ただちに降下飛行に移り，グリーン上に着陸させることができた．要救護者の位置情報をスマホなどで発信するシステムと組み合わせれ

図 1.2　AED 搬送実験の様子と飛行経路

ば有効に利用できることが確認できた．ただし，こうしたシステムを普及させるには，安全な運用を実現できる体制や，AED の利用に関する法的な整備，維持費を含めたコストの課題が存在することも確認できた[7]．

　医療機器などの緊急輸送は，災害時にもニーズは大きく，そのための実証実験もなされている[8]．さらに，過疎地などでのドローン配送は，ドローンによる輸送が期待されている場面である．筆者らは 2017 年に長野県伊那市で，ドローンによる物流配送の実証実験を，国土交通省，ブルーイノベーション株式会社と行った．

　「道の駅」から高齢者専用の住宅までドローンを飛行させる実験で，4 枚プロペラのドローンの搭載量は 500 g 程度だったが，最近では数 kg のものを 30 分以内のところまでは運べるようになっている．このときの実験の主目的は，ドローンに付けたカメラによる精密着陸であった．ドローンは GPS の電波を受信して自動で飛行しているが，必ず 10 m 程度の誤差が出る．上空を飛んでいるときには大きな問題はないが，着陸するときには，10 m ずれると人や車にぶつかってしまうこともありうる．これを避けるために，

7）ゴルフ場で AED をマルチコプターで運ぶ実験が行われた──突然の心臓停止時に備えて，PIC WORLD（2015.1.25），https://picworld.jp/2015/01/25/

8）2022 年（令和 4 年）3 月 8 日　ドローンによる緊急支援物資輸送の実証実験を実施 "災害時のラストワンマイル輸送の課題解決に向けて"，江戸川区（2022.3.8），https://www.city.edogawa.tokyo.jp/e004/kuseijoho/kohokocho/press/2022/03/0308-1.html

図 1.3　ドローンによる
荷物配送実験

ドローンに搭載したカメラで，離発着地点に設置したマーカーを自動的に捉えて，正しい位置に自律的に着陸させるという実験を行ったものである（図1.3）．

　高齢化が進む過疎地や離島では「買い物難民」の課題があり，ドローンによる配送が期待されている．伊那市では，こうした実証もふまえ自治体の支援によりドローンデリバリーサービスが開始されている[9]．

1.3 | ドローンの歴史とその技術

1.3.1　ドローンの歴史

　航空機を遠隔操縦する技術自体の歴史は古く，英国では 1935 年に有人の練習機を無線遠隔操縦で標的機として利用する技術が開発され，Queens Bee（女王蜂）と命名された．さらに，米国でも遠隔操作の模型飛行機を射撃訓練用の標的機として利用する研究が始まり，このとき Drone（オス蜂）という呼び方がなされ，米国のドローンは第二次世界大戦中に 1 万 5000 機以上量産され，以後，無人航空機はドローンと総称されるようになった．ド

---

9) 経済産業省「METI-Journal」に伊那市の「ドローン物流」インタビューが掲載された，伊那市（2021.4.15），https://www.inacity.jp/shisei/inashiseisakusesaku/shinsangyou gijutu/dronekatuyou/20210415085439525.html

ローンは現在も標的機として利用されている[10]. 軍用では，標的機に続き，偵察機としての利用が，GPS 航法技術，デジタル画像伝送技術，衛星通信技術が整った 1990 年代に実用化を迎えた．2022 年からのウクライナでの紛争のニュースでも報じられているように攻撃型の無人機も出現している．

　無人航空機の民間利用は，遠隔操作模型ヘリコプターが農薬散布のために 1980 年代に日本で始まった[11]. 農地の狭い日本では有人ヘリコプターによる農薬散布は効率的ではないため，現状では空中農薬散布は無人機が主体となり，最近ではマルチコプター型の無人機も利用されている．

　現在，ドローンとして普及しているマルチコプターは 2010 年にフランスのパロット社がホビー用の電動小型マルチコプター「AR Drone」を発売したことがきっかけとなり，2012 年に中国の DJI 社から「空飛ぶカメラ」と呼ばれた Phantom シリーズが発売され世界的に普及した．ただ，ホビー用のドローンは，日本の株式会社キーエンスが，1980 年代に発売した「ジャイロソーサー」が発端とされている[12]. 機械式の超小型ジャイロを搭載したこの先進的な機体は軽量のリチウムイオンバッテリーが出現する前の当時のバッテリーでは数分しか飛行できず，普及には至らなかった．現在のドローンのブームは，2000 年代になって携帯電話やタブレットなどで普及した，超小型 CPU，半導体ジャイロや加速度センサ，リチウムイオンバッテリー，Wi-Fi や bluetooth による無線技術などの周辺技術が利用可能になったことが背景にある．

1.3.2　ドローンの技術

　固定翼の飛行機型，回転翼のヘリコプター型ではなく，マルチコプターのドローンが普及したのは機構が単純であり，操縦も容易という際立った特徴があるためである．その飛行の原理を簡単に説明したい．

---

10) L. R. Newcome, "Unmanned Aviation: A Brief History of Unmanned Aerial Vehicles", AIAA, 2004.
11) 関口洋一，農林業における無人ヘリコプター利用の現状と課題，公益社団法人青森県植物防疫協会，http://www.aomori-syokubou.or.jp/pdf/20060606/seturitu.pdf
12) ドローンの祖先　キーエンス　ジャイロソーサー，DRONE MEDIA（2015.4.24），https://dronemedia.jp/gyrosaucer-keyence/

図 1.4 プロペラの回転方向を制御するドローンと遠隔操縦装置

マルチコプターはプロペラ回転による揚力で上昇するが，すべてのプロペラを同じ方向に回転させると，半トルクで胴体はプロペラと反対方向に回転する．そこで図 1.4 のように半分のプロペラは反転させる．全プロペラの回転数を均等に上下すれば，機体は上昇・降下する．対向するプロペラの回転数を総和は一定にして差をつければ，方位を変えずに機体を前後・左右方向に傾けることができ，これにより前後・左右の移動が可能となる．方位を変えるには，全反トルクをゼロではなく値を持たせればよい．このように，4個のプロペラの回転数を制御することで上下・左右・前後・向きの変更と4つの自由度の飛行制御が可能となる．つまり3次元空間を移動するためには4つの自由度を制御する必要があり，プロペラは最低4枚必要となる．

こうしたプロペラ回転数の調整を，従来の模型飛行機の遠隔操縦装置（プロポと呼ばれる）で操縦できるように，左右のジョイスティックによる操作（変更は可能であるが，右手がスロットルとエルロン（ロール），左手がラダー（ヨー）とエレベータ（ピッチ）に設定する）により行うよう，プロペラ回転数の配分は自動的にミキシングされる．プロポからの指令値は無線により，機体に送られ，プロペラは電動モータで駆動され，電源はリチウムイオンバッテリーが使用される．無線は従来は模型航空機専用の周波数が利用されていたが，最近の市販のドローンの多くは 2.4 GHz 帯の ISM バンドが使用される．この周波数帯は Wi-Fi や bluetooth なども使用する産業・科学・医療用に免許不要で自由に利用できるものである．ISM バンドは利用が容易な反面，他の周波数利用と干渉する場合があるので注意が必要である[13]．

　こうした単純な機構により，マルチコプターは操縦される．ただ，その運動特性は本質的には不安定である．つまり，自転車のように常にバランスをとる必要があり，傾きを検知するセンサと，その傾きを戻すように自動的に操作を行う自動制御機構が組み込まれている．キーエンスの「ジャイロソーサー」には機体式の超小型ジャイロが組み込まれていたが最近のドローンでは半導体ジャイロ，半導体加速度計が用いられる．こうした自動制御機構は，機体の位置や高度および向きを指定する際にも利用される．位置の計測にはGPS 受信機が，高度は気圧高度計や超音波高度計，向きは半導体コンパスなどが使用される．飛行経路をあらかじめ指定すれば手動（マニュアル）ではなく自動で飛行させることもできる．

　ドローンの操縦方法は，上記のように手動操縦と自動操縦に分類されるが，操縦者の目視内で飛行させるか，目視外で飛行させるかという違いもある．目視外の場合，自動操縦の飛行も可能であるが，機上に搭載したカメラでの映像を操縦者に無線で送信し，飛行状態を監視することも行われる．電波は目視外にも届くためである．こうした機上カメラから伝送された映像はFPV（First Person View：一人称視点）と呼ばれ，こうした映像を見ながら目視外で手動操縦する飛行方法を FPV 飛行とも呼ぶ．遠隔操作の機械ではこうした画像伝送は重要な技術となるが，多量のデータ送信が必要なため，操縦用の ISM バンドとは異なる周波数帯を用いる場合もある．

1.3.3　空飛ぶクルマへの進化

　ドローンも大型化が進み，人を乗せて飛行する能力を得るまでになり，車のように空を移動できる「空飛ぶクルマ」の出現が期待されている．「空飛ぶクルマ」の開発を先導するドイツのスタートアップ企業，Volocopter[14] における開発の推移を見てみたい．

　2011 年にドイツ，ブルッフザールに設立された Volocopter 有限会社（GmbH）は，同年，有人の電動マルチコプター VC-1 の 90 秒の飛行シーン

13）2.4 GHz 帯【2.4 GHz band】ISM バンド，IT 用語辞典（2018.6.14），https://e-words.
jp/w/2.4 GHz%E5%B8%AF.html

14）https://www.volocopter.com/

図1.5 世界初の eVTOL 初飛行

図1.6 Volocopter 社の空飛ぶクルマ

を YouTube に公開している（図1.5）[15]．VC-1 は 80 kg のフレーム状機体に 16 個のプロペラ付き電動モータを配置し，機上のパイロットが操縦し，20 分飛行可能とされている（図1.6）[16]．VC-1 は世界初の有人電動マルチコプターとして，ギネスブックに認定され，リンドバーグ財団のリンドバーグ賞を受賞した．VC-1 に続き，18 個のプロペラを有する無人機 VC-2 が製作されたのち，本格的な試作機 2X による有人飛行が 2018 年 1 月に実施された[17]．2019 年にはシンガポールでのエアタクシー事業のための実証実験も行った．同年 3 月に来日したシンガポール航空局担当者に，都内の高層ビル屋上に設置されたヘリポート間で飛行実証を行う予定かと聞いたところ，安全性を確保するために，川の上空を飛行させ，橋を渡るときは車を止める予定とのことであった．やはり，段階的に安全を確認しながら飛行許可を与え

15) https://www.youtube.com/watch?v=L75ESD9PBOw
16) Volocopter VC1 (defunct prototype), Electric VTOL News, https://evtol.news/volocopter-vc1-vc2/
17) Volocopter: Aviation History — First Piloted Air Taxi Flight of VC200 — Future of Mobility, 2016/4/7, https://www.youtube.com/watch?v=OazFiIhwAEs&t=178s

図1.7　都市間飛行に向けて開発された Volocopter 社の VoloConnect

るのだと感じた．実際の実証では Skyports 社と連携し，電動マルチコプター（電動垂直離着陸機を意味する eVTOL と呼ばれる）用空港 Voloport のプロトタイプも披露された．

　Volocopter 社は 2024 年のパリオリンピックで 2X を発展させて 2 人乗りの Volocity を飛行させると 2021 年 6 月に発表し，パリ郊外のル・ブルジェ空港で，飛行高度約 30 m，最高時速 30 km で，およそ 500 m の 3 分間の試験飛行も行った[18]．バッテリーで飛行する eVTOL は飛行中に CO_2 を排出しないクリーンな飛行を実現するが，飛行時間は 30 分以内であり，都市間の飛行などには飛行距離の限界がある．Volocopter 社は巡航時の空力性能を改善できるように主翼を備えた 4 人乗りの VoloConnect も発表している（図 1.7）[19]．

　このように eVTOL は実用化を迎える前に，すでにさまざまな進化を遂げている．VoloConnect は巡航時には，垂直離着陸用のプロペラとは独立した巡航用のモーターとプロペラを付加しているが，垂直離着陸用のプロペラのいくつかを巡航時には向きを変更させるタイプの eVTOL を開発するメーカーも出現している．2020 年 1 月に，トヨタ自動車が eVTOL の開発で協業を発表した米国 Joby Aviation 社は図 1.8 のようにプロペラの推力軸を変更できる eVTOL の開発を行っている．図 1.9 は開発されている eVTOL を公

18) German firm's air taxi aims to be operational for Paris 2024 Olympics, Reuters（2021.6.22），https://www.reuters.com/lifestyle/sports/german-firms-air-taxi-aims-be-operational-paris-2024-olympics-2021-06-21/

19) VoloConnect: Expanding Volocopter's Coverage of the Urban Air Mobility Ecosystem, Volocopter（2021.7.17），https://www.volocopter.com/newsroom/voloconnect-expanding-volocopters-coverage-of-the-urban-air-mobility-ecosystem/

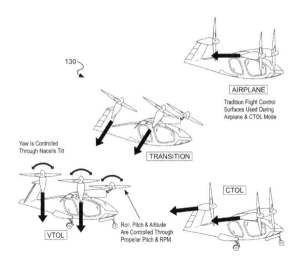

US 20200333805A1

(19) **United States**
(12) **Patent Application Publication** (10) Pub. No.: US 2020/0333805 A1
English et al. (43) Pub. Date: **Oct. 22, 2020**

(54) **AIRCRAFT CONTROL SYSTEM AND METHOD**

(71) Applicant: **Joby Aero, Inc.**, Santa Cruz, CA (US)

(72) Inventors: **Blake English**, Santa Cruz, CA (US); **JoeBen Bevirt**, Santa Cruz, CA (US)

(21) Appl. No.: **16/708,367**

(22) Filed: **Dec. 9, 2019**

Related U.S. Application Data

(60) Provisional application No. 62/776,870, filed on Dec. 7, 2018.

Publication Classification

(51) Int. Cl.
G05D 1/10 (2006.01)
B64C 29/00 (2006.01)
B64C 13/04 (2006.01)
B64C 27/54 (2006.01)

(52) U.S. Cl.
CPC *G05D 1/102* (2013.01); *B64C 27/54* (2013.01); *B64C 13/04* (2013.01); *B64C 29/0033* (2013.01)

(57) **ABSTRACT**

The unified command system and/or method includes an input mechanism, a flight processor that receives input from the input mechanism and translates the input into control output, and effectors that are actuated according to the control output. The system can optionally include: one or more sensors, a vehicle navigation system which determines a vehicle state and/or flight regime based on data from the one or more sensors, and a vehicle guidance system which determines a flightpath for the aircraft.

図 1.8 Joby Aviation による推力軸偏向型機の米国特許

開されている飛行距離と飛行時間の関係で整理したもので，マルチコプター
タイプ（第 1 世代，WingLess），主翼付きのタイプ（第 2 世代，Lift+Cruise），
推力変更を行うタイプ（第 3 世代，Vectored Thrust）で区分されることが
わかる．第 1 世代は 30 km 程度以内の都市内の飛行，第 2，第 3 世代は
100 〜 250 km の都市間飛行を意図して今後実用化を進めることになるであ
ろう．

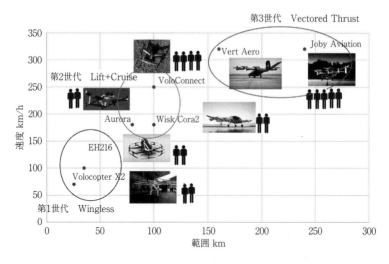

図1.9 進化する空飛ぶクルマ

1.4 ┃ ドローン，空飛ぶクルマの制度的課題

　ドローンは空撮をはじめとして多様な利用がすでに始まっているが，空飛ぶ機械であるため，落下や，その悪用など事件や事故も報告されるようになっている．国内では，2015 年 4 月に総理官邸の屋上で不審なドローンの落下が発見され小型無人機に関する国内法の制定につながった（4.2.1 項参照）．また海外では，2018 年 8 月のベネズエラでの大統領襲撃事件や，2019 年 11 月の不審なドローンの発見によるロンドン・ガトウィック空港の閉鎖などの事件が報じられている．また，カメラを搭載したドローンによる撮影によるプライバシーの侵害に関して各国でドローンの課題として取り上げられている．

　新たに登場する技術に関する社会的な課題は，ドローンだけでなく過去においても問題となっていた．19 世紀後半の英国において，蒸気自動車は馬車の馬を驚かすなど危険であるとして，厳しい法律が制定された．1861 年の Locomotive on Highway Act では最高速度を時速 16 km に制限し，さらに 1865 年にはさらに厳しく市街地では時速 3.2 km，郊外でも 6.4 km に制限

し，車の前方に日中は赤い旗を，夜間は手提げランプを持って人を歩かせることを義務づけた．通称「赤旗法」と呼ばれるこの法律は，英国での自動車の普及を遅らせ，自動車産業が欧州大陸の他国に後れを取る要因になったと指摘されている[20]．

新たな技術は成熟するまで時間を必要とするが，未成熟ということでその使用を厳しく規制すると成熟も遅れ，利用も進まない．ドローンの法制度はちょうどこうした状況にあり，安全確保と，利用促進を合理的に進めるために，次のような3つの基本的方針を採用している．

1) リスクベースの制度
2) ユースケースを規定した制度
3) パフォーマンスベースの制度

以下においてそれらを説明したい．

1.4.1 リスクベースの制度

リスクの定義は分野によっても異なるが，工学的には危害リスクは「危害発生の確からしさと危害の厳しさの組合せ」とされ，安全とは，「許容できないリスクから免れている状態」と定義される[21]．つまり，安全な状態を達成するには，リスクの分析を行い，リスクをマネージメントする必要がある．図 1.10 はその概念図である．ドローンの利用に関しては，JARUS（Joint Authorities for Rulemaking of Unmanned Systems：無人機システムの規則に関する航空当局間会議）により SORA（Specific Operations Risk Assessment）と呼ばれるリスク評価手法が開発されている[22]．

ドローンの安全な利用に向けた制度は，機体の安全，操縦者運航者の技能，運航管理のそれぞれで設定されうるが，EASA（欧州航空安全機関）では，

20) Editcd by Sir Peter Baldwin and Robert Baldwin, The Motorway Achievement - Volume 1 Visualisation of the British Motorway System: Policy and Administration, Thomas Telford Ltd., 2004.
21) 日本工業規格 JIS. Z 8115：2019. ディペンダビリティ（総合信頼性）用語, https://kikakurui.com/z8/Z8115-2019-01.html
22) JARUS SORA, http://jarus-rpas.org/content/jar-doc-06-sora-package 第 5 章にて詳しく取り扱う.

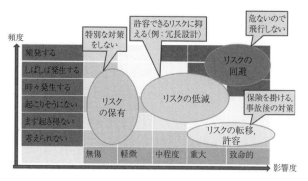

図1.10　リスクマネージメントの例

図1.11　欧州におけるリスク別のドローンのカテゴリー

リスクの低い順に，OPEN，SPECIFIC，CERTIFIED の3つのカテゴリーにドローンの利用を分類し，それぞれの制度を定めようとしている（図1.11）[23]．つまり，同じ制度設計を行おうとすると，リスクの低い利用に関しては，過剰な規制となり利用の普及を阻害し，リスクの高い利用に関しては，安全上課題が残るということである．リスクに応じてきめ細かい制度設計を実施するのがリスクベースの制度である．

---

23) EASA, Civil drones（unmanned aircraft），https://www.easa.europa.eu/domains/
civil-drones

1.4.2 ユースケースを規定した制度

　ドローンは前述のように多様な利用分野があり，画一的な制度設計では過剰な規制となる可能性が高く，利用形態，利用環境，運用体制などを規定したうえでのリスク管理が求められる．このために求められるのが ConOps（Concept of Operations）である．ConOps もさまざまな分野で使用され，たとえば IEEE によるシステム開発時の ConOps は，(a) 対象領域の現在の状態（as is）と，課題が解決した際の同領域のあるべき状態（to be）を明示し，(b) 後者の実現のために何を作る必要があるかを明示するもの，との定義がある[24]．ドローンを運用する際の ConOps は，EASA によれば，

1) 業務の種類と関連するリスクの分析
2) 運用環境と地理的領域の設定
3) 使用する技術的手段の特定
4) 関係する人員の能力，義務，責任の明確化
5) 上記のリスク分析と，特定されたリスクの低減方法の明示
6) 運用時の各種メンテナンス

を明らかにしたうえで，リスク管理を行うことを求めている[25]．

　また，FAA（米国連邦航空局）は，機体の安全認証において，機体を利用する際の ConOps を明示したうえで，安全認証の申請をすることを求めている[26]．それらは，リスク管理を行う際に，ユースケースを設定することの重要性を示しているといえる．

1.4.3 パフォーマンスベースの制度

　安全に関する技術基準を導入する際に，パフォーマンスベースの制度を導

---

24) IEEE 1362-1998 – IEEE Guide for Information Technology – System Definition - Concept of Operations（ConOps）Document，1998.12.22.

25) Easy Access Rules for Unmanned Aircraft Systems，https://www.easa.europa.eu/downloads/110913/en

26) Planning, Integration, and Employment of Unmanned Aerial Systems, FAA Certified Part 107 Commercial Rating, https://www.unmannedadvantages.com/conops/

入する動きが多くの分野で進んでいる. パフォーマンスベースとは「硬直的なプロセス, 技術, 手順よりも, 測定可能であり望ましい成果（パフォーマンス）に焦点を当てる考え方である. どのように結果や成果を得るか（Prescriptive, How to do）よりも, 何が達成されなければならないか（What to do）を重要視する」などと規定され, たとえば, NRC（米国原子力規制委員会）では, パフォーマンスベースの規制の特徴として,

1) パフォーマンスを監視するための測定可能なパラメータが存在する
2) パフォーマンスを評価する客観的な基準（MOC: Means of Compliance）が確立されている
3) パフォーマンスを満足する方法に自由度を与え, パフォーマンス向上を促す
4) パフォーマンスを満足しない状態が即時の安全上の問題とならないようにする枠組みがある

を挙げている[27].

航空機の機体安全認証は, 車の車検のように1機ずつ確認する耐空証明と, 大量生産機の設計開発製造において認証を行う型式証明とが実施される. 米国では, 小型機（19席以下あるいは離陸重量が 19000 lbs（約 8618 kg）以下の飛行機）への新たな技術の導入が進まないことを課題とし, 小型機に関する耐空性認証（Part 23）へパフォーマンスベースの認証制度を徹底するために全面的改定が実施された[28]. これは, 旅客機のような機体は, 大企業により開発がなされるので, 最新技術が競って導入されるが, 小型機ではその認証が困難なため, 新技術の導入が遅れ, それが逆に小型機の安全向上への阻害要因となっていることが背景となった. 10年以上の準備を経て 2017 年8月に新たな制度が施行され, 欧州 EASA においても Part23 に対応する CS23 が改定され, 日本でも 2021 年に小型機 N 類の耐空性審査要領が全面的に改定された. Part23 の新たな制度では, 337 項目あった規則を 71 規則まで削減し, そして, 63 の項目で民間標準規格を活用している. つまり,

27) 検査制度見直しに係る用語集（案）―原子力規制委員会, https://www.nra.go.jp/data/000161610.pdf
28) FAA Publishes Means to Comply with Part 23, https://www.faa.gov/newsroom/faa-publishes-means-comply-part-23

当局は要求基準を定め，その基準への適合手法は，当局が合意した民間での標準規格を利用できることになる．民間標準規格は，米国ではMOC（Means of Compliance），欧州ではAMC（Acceptable Means of Compliance）とよばれる．

なぜこの方式が小型機への新技術導入促進になるかというと，小型機を開発する企業は単独で適合証明方法を検討しなくても，業界として標準的な方法を検討し，それを用いればよいので企業単独への負担軽減が期待できるためである．また，新たな技術開発もその結果，促進されることが期待される．欧米ではこうした議論を官民共同で推進する国際的な標準化団体が存在する．主なものは，下記の通りである[29]．

- RTCA（Radio Technical Commission for Aeronautics）：装備品環境試験（DO-160），ソフトウェア（DO-178），セキュリティ（DO-326）などを制定
- SAE（Society of Automotive Engineers）：システム安全（ARP4761, ARP4754）などを制定
- ASTM（American Society for Testing and Materials）：小型機，無人機などの標準化
- EUROCAE：欧州を拠点にした航空標準化団体

小型無人機の機体認証制度は，これから各国で本格化するが，こうしたパフォーマンスベースの規格が採用される動向にある．

1.4.4　米国でのドローンの飛行安全制度

米国では軍事用の無人機の開発が活発で，民間利用も進められていたが，2007年にFAAは無人機の商用利用を原則禁止した．テロ利用への防御ということが大きかったと思われる．大学での研究目的での無人機の利用も禁止され，米国を離れた知り合いの研究者もいたほどだ．ただし，ホビー用途

---

29) 中村裕子，鈴木真二，航空機のイノベーションを支える標準化活動——SAE International Aerospace Japan Symposium を開催して，日本航空宇宙学会誌，67(10), 2019, pp. 336-341.

は，航空機の運航に影響を与えないなどのガイドラインの下で利用が許可され，公的な利用も申請をすれば飛行が認められた．その後，ドローンの普及が世界的に広がり，2012年以降FAA近代化改革法により利用緩和が検討され，2016年から小型無人機に関する新たな制度が施行された．その主な内容は，

- 商用ドローンの重量は最大55ポンド（約25kg）
- 利用可能な時間は日中のみ，飛行高度は地表から400フィート（約122m）以下
- 操縦士，または操縦士と連絡体制にあるオブザーバーの目視可能な範囲内
- 操縦士は16歳以上で，24ヵ月ごとに学科試験と身元調査に合格する必要がある

であった[30]．また，これに先立ち米国では小型無人機の登録制度も開始された．

米国では，空港周辺では小型無人機の飛行申請を空港管制に通知し，飛行許可を得るLAANC（Low Altitude Authorization and Notification Capability，低高度認知・通知機能）システムを2017年に導入し，空港周辺での小型無人機と航空機とのニアミス防止に努めている．さらに，2021年にはリモートIDの導入を表明した．リモートIDとは，登録情報や飛行位置を小型無人機から周囲に無線で発信して知らせようとするものである．Wi-Fiやbluetoothの無線機能を用い，2022年9月より，製造時の小型無人機への機能組み込みが要求され，2023年の9月より，運航時への適用が義務付けられる[31]．リモートIDはセキュリティー上の要求のみならず，空港周辺での無人航空機の飛行情報を航空機パイロットに伝える機能も期待されている．なお，リモートIDの仕様は民間標準化団体ASTMにより検討されている．

米国FAAは，これまで特別の許可申請を必要とした夜間や第三者上空の飛行制度を2019年2月より検討を開始し，2021年4月に施行した．夜間の飛行は，機体への追加の装備や，操縦者への付加的な知識を求めるもので，

---

30) ローラー・ミカ，無人航空機の国内飛行をめぐるアメリカの動向と立法，外国の立法 260（2014.6），https://dl.ndl.go.jp/view/download/digidepo_8677794_po_02600002.pdf

31) https://www.faa.gov/uas/getting_started/remote_id

第三者上空の飛行に関しては，落下時の被害を運動エネルギーによってカテゴリー1から4に分類して規定するものである．たとえば，カテゴリー1は250gの機体で，機体認証は不要だが，リモートIDと操縦者の知識試験を求めている．また，カテゴリー2は運動エネルギー15ジュール以下（3ポンドの機体が秒速4.4m以下で飛行に相当）の飛行で，機体認証，リモートID，操縦者の知識試験をすべて求めている．これは，リスクに応じた制度の例である．また，カテゴリー4の機体に関しては，型式証明を求めており，その適応証明の方法に関しては，FAAはASTMと協議中であり，パフォーマンスに応じた制度（パフォーマンスベースの制度）といえる．

1.4.5　欧州の制度

欧州は，米国のように商用飛行の原則禁止といった措置はなく，各国で，個別の小型無人機用の制度が進められていたが，欧州内での整合を求める要求に応える意味で，2019年にEUでの統一的制度作りの方針がEU規則2019/947, 2019/945として規定された[32]．

前述のようにリスクレベルに応じて小型無人機の飛行はOPEN, SPECIFIC, CERTIFIEDに分類され，また，機体は，EU基準に適合することを証明するCEマークを付けることが求められる．

（1）OPEN

リスクが低く，許可申請が不要な飛行．さらに，機体の重量によってA1〜A3にサブカテゴリーされ，ホビーでの飛行はA4に分類される．機体はCE1〜CE4までのマーキングが要求され，操縦者はA2以上では，知識試験取得が求められる．

（2）SPECIFIC

OPENよりもリスクが高い場合，CEマークのない機体を使用する場合など，基本的には，各国当局からの飛行承認を必要とする．都市部での目視内飛行や，郊外での目視外飛行など定型的な飛行に関しては標準シナリオが準

32）佐々木一，鈴木真二，炭田潤一郎，欧州におけるリスクベースアプローチと日本の無人航空機安全規則への示唆，*Technical Journal of Advanced Mobility*, Vol. 2, No. 2 (2021), pp. 16-30.

備され，対応する CE5，CE6 の CE マーク付き機体であれば承認が迅速に得られるとされている．また，事業者（オペレーター）が認証を取得すれば飛行許可が容易に得られる制度も設けられている．このカテゴリーの最大機体重量は 600 kg とされている．

(3) CERTIFIED

SPECIFIC 以上のリスクがある場合は，EASA による認証が必要とされ，有人機に近い要件が求められる．

EU のこうした制度は，機体の CE マーキングが開始される予定の 2023年から本格的に施行されるとされていたが，CE マーキングの機体要求の制定が 1 年遅れると発表されたため，2024 年から本格開始となると予想される．

1.4.6 日本の制度

日本では，小型無人機に対する航空上の取り扱いはなかったが，2015年に首相官邸に落下したドローンが発見される事件を機に，航空法が改正され，その年の 12 月から小型無人機に関する制度が施行された．それは，重量200 g 以上の小型無人機の飛行可能空域を決めるとともに，許可承認が必要な飛行方式を定めたものであった．図 1.12 はその概念図であるが，航空機とのニアミスが懸念される空港周辺および高度 150 m 以上，また人口集中地域上空の飛行は禁止され，夜間，目視外，第三者近くの飛行，農薬散布を想定して危険物輸送と空中投下が禁止された．こうした飛行を行う際には，航空局へ申請して許可を得る必要があるが，災害時などでは，自治体等の要請があればその限りでないとされた．

こうした規制の導入はあったものの，ドローンの利活用を進めるとする政府の方針もあり，関係官庁と民間が合同で議論する「小型無人機に係る環境整備に向けた官民協議会」が 2015 年 12 月に組織され，ドローンの利用に向けて目標を設定する「ロードマップ」作りが進められた．

その後，100 g 以上の機体の登録制度が 2020 年の航空法改正時に規定され，2022 年 6 月より施行された．登録時にリモート ID を装着することも義務化された．つづいて，2021 年の航空法改正により 2022 年 12 月施行で，機体認証，操縦免許制度が導入された．この 2021 年の航空法改正では，レベル

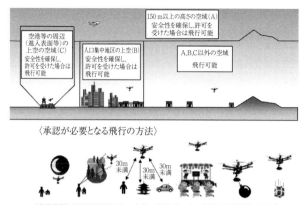

図 1.12　2015 年に施行されたドローンの飛行禁止空域と飛行方法

4 の実現が大きなテーマであった．ドローンの飛行レベルの分類は，2016 年ロードマップで，レベル 1（目視内手動飛行），レベル 2（目視内自動飛行），レベル 3（無人地帯目視外飛行），レベル 4（有人地帯目視外飛行）と定義され，当時はレベル 3 によるドローン物流の開始が 2018 年，レベル 4 は 2020 年代と目標が設定された．過疎地等での物流は実証実験から自治体からの支援を受けた社会実装が進みつつあり，レベル 4 の目標が 2022 年を目途に設定され，2021 年の航空法改正はそれに向けたものであった．この航空法の改正の主眼は，レベル 4 飛行の認可にあたり，機体認証と操縦技能証明の 2 つの制度を導入したことにある．そしてこの機体認証と操縦技能証明をこれまで許可承認が必要であった夜間飛行や人口密集地域などの飛行にも適用することで許可承認の効率化にも役立つことが期待される．ただし，レベル 4 に求められる機体認証と操縦技能は高度なものであるため，これまで許可承認を求めていた飛行には過剰な規制になりかねない．ドローンの飛行に求められる資格制度はリスクに応じて設定される必要があり，リスクを評価するためには利用環境を明確に定義する必要がある．米国や欧州の航空当局はドローン飛行の運用概念（Concept of Operations: ConOps）を提出することを求め，そして，リスクに応じた制度（リスクベースの制度）設計を進めている．日本でも官民協議会の下で組織された複数のワーキンググループ

（WG）で改正航空法施行に向けては，世界の動向も踏まえ進められてきた．その中で，早期の施行に向けて機体認証や操縦技能証明制度には，民間の組織や活動の貢献が求められている．こうした新たな制度により，レベル4の実現とともに，これまで進められてきた過疎地や離島，山間部でのドローンの実証実験が確実に社会実装されることが期待される．

1.4.7　空飛ぶクルマの制度

　「空飛ぶクルマ」はPassenger Carrying Droneとも呼ばれるが，当初はパイロットが同乗して操縦することが想定され，小型航空機に分類された．航空機は，国連の専門機関であるICAO（国際民間航空機関）の定めるシカゴ条約（国際民間航空条約）付属書（Annex）において国際的なルールが定められ，それを批准した各国の当局（日本では国土交通省航空局）が自国の航空法を制定している．空飛ぶクルマはこれまでの航空機の分類に必ずしも合致しないため，そのルールは各国それぞれで制定作業が進んでいるのが現状である．

　垂直離着陸が多くの場合前提とされている空飛ぶクルマは，回転翼機（ヘリコプター）に近いと思われるが，複数のプロペラの回転数制御で姿勢制御を行う機構は，ヘリコプターとは異なり，ヘリコプターの型式証明や耐空証明が単純には適用できない．米国ではPart23（小型機），Part27（小型ヘリ）の認証をベースに型式証明の具体的な申請に応ずる方針であり，欧州EASAは，米国と同様のCS23（小型機），CS27（小型ヘリ）を基にするが，空飛ぶクルマに固有の要件をSC（Special Condition）として整理することを表明している[33]．このなかで，EASAは乗員9名以下の空飛ぶクルマを個人使用のBasicと業務用のExtendedに分類し，安全に関する要求を変えている．具体的には，重大なシステムの単一故障に対して，Basicは緊急着陸能力を，Extendedに関しては，飛行を維持し，空港への飛行を継続できることを要求している．また，安全目標に関しては，Extendedは小型ヘリの安全目標である10の9乗時間に1回の故障率を要求するのに対して，Basic

---

33) EASA: SPECIAL CONDITION Vertical Take-Off and Landing (VTOL) Aircraft, Doc. No: SC-VTOL-01 Issue: 1 (2019).

は小型機と同様に乗員数によってそのレベルを変えている．ただし，現状の小型機よりも空飛ぶクルマは高度な制御機構を組み込むため1桁厳しい安全目標を設定することを想定している．こうした目標への適合性の証明方法は，パフォーマンスベースの方針により，欧米ともに業界での標準化が進められている．

日本では，「空の移動革命に向けた官民協議会」が組織され，機体の安全証明，操縦技能，運航管理などに関する制度検討が官民による検討会によって国際的な動向も踏まえて検討されている．

1.5 まとめ

無人航空機や電動垂直離着陸機は次世代エアモビリティとして，航空の新たな利用シーンを提供することが期待されている．本章で，小型無人機の利用を筆者の経験から紹介するとともに，新たな航空機としての技術的特徴とともに，制度設計に関して欧米，日本の動向を整理した．

本書は，改正航空法施行の準備が進む2022年に執筆しているが，施行される制度・提供される環境整備への文脈を紹介し，新しい環境を理解し活用するための知見を提供することを目指している．社会が新たな航空の技術やサービスをどのように求め，または導入への懸念があるという議論は，技術や制度自体より重要な視点である．次章以降では，行政・産業・教育など切り口を変えて，改正航空法以降，次世代エアモビリティの社会実装を進めるための議論を行っていく．

第2章 社会におけるドローン活用

2.1 次世代エアモビリティ──人が中心となる活用に向けて

　農薬散布や高所インフラの点検から，イベントでの展示飛行など，今日，ドローンの活用の幅は広がっている．そして，ドローンは人の活動を支援，少子高齢化や過疎化・担い手不足といった地域の課題を解決し，生活を豊かにしうるツールであるとの認識が広まっている．しかし，社会実装を進めるうえでは安全性・信頼性の向上が必要であり，産業の育成にあたって，国や地方自治体など行政の役割への期待が高いのがドローン産業の特徴の1つである．

　また生活圏に近い空を活用することによる価値の創出も，ドローンや電動垂直離着陸航空機（空飛ぶクルマと称されることが多い）などの次世代エアモビリティの特徴の1つである．したがって，第三者の上空飛行（レベル4飛行）が技術的・制度的に可能になり，事業化に十分な利用者の獲得が見込まれても，その次世代エアモビリティを活用したサービスが提供される地域に受け入れられるものなのか（社会受容性）を考慮する必要がある．一般に，利用できるツールの増加や地域の経済活性といったもの（効用）は，地域がそれを受け入れる動機となり，騒音や安全性・視界公害・プライバシーなどへの懸念（弊害）はその受け入れを後ろ向きにする原因になる．当然，効用の最大化と，弊害への対応・最小化が重要になってくる．

　技術の進展に伴う上からの押し付けではなく，人（地域）が中心となり次世代エアモビリティの活用を検討する必要性が高まっている．地域の役割を検討し適切なものとするために，日本無人機運行管理コンソーシアム（JUTM）は，2021年9月に，自治体ネットワーク UAM Initiative Cities

Community UIC2-Japan（UIC2-JP）を立ち上げた．これは，2017 年に欧州にて設立され，2022 年現在ブリュッセル，トゥールーズなど欧州 46 都市が参加する UIC2 を参考にしたもので，UIC2 とパートナーシップも組んでいる．大分県，富山県，長崎県，兵庫県，福島県，三重県が設立メンバーであり，内閣官房小型無人機等対策推進室がオブザーバーとして初回から参加している[1]．

UIC2-JP は，次世代エアモビリティの活用というこれまで類例の少ないツールの出現と実装にあたって，地域が得る効用と弊害に対応するために活動を始めた．参加メンバーは以下の点を重視している．

- 地域が盛り上がる・地域がファンになるドローンの活用事例の横展開：地域がメリットを感じて（行政にとっても民間にとっても）事業の継続や社会受容性向上に
- 実証・実装の課題の共有と進化する制度や法的空白などを理解：実証や実装を安全・安心に促進，リスクの管理のために
- 適材適所の把握や開発・製造支援，事業持続のための収益と補助（公共サービス）の関係などの議論：ビジネス性の向上や，地域に適した形で根付いてもらうために

次世代エアモビリティの実装が地域にとって効用の最大化と弊害の最小化となるよう，各レベルにおいて，さまざまな試行錯誤が行われている．本章は，政府の取り組みを説明するとともに，次世代エアモビリティの活用を検討する各地域の参考になることを目的としている．

次の 2.2 節では，ドローンの市場の動きに対する政府の取り組み，特に，ドローンの利活用において，安全・安心と快適・便利を両立するための環境整備について紹介する．2.3 節では，6 つの異なる自治体における，地域課題の解決に向けた環境整備についての事例を紹介する．2.4 節で，各事例を通した次世代エアモビリティの行政視点での課題をまとめる．

---

[1] 2022 年 9 月には，東京都，埼玉県，長野県，北海道も加入．

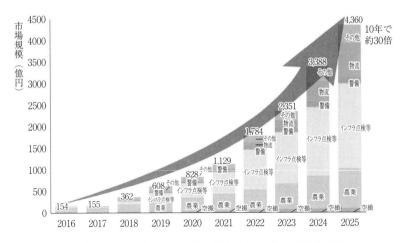

図2.1 ドローンサービス市場の動向（インプレス総合研究所
「ドローンビジネス調査報告書2021」をもとに作成）

2.2 | 政府の取り組み

2.2.1 広がるドローン市場──農業からイベント開会式まで

ドローンの活用の幅は測量・農業・インフラ点検などにも広がっており，これからは技術の質の向上が期待されている．空撮利用は既に全国的に定着し，ドローンによる測量も各地で行われている．測量にはレーザーの使用や撮影データの3Dモデル化などの技術が活かされている．農業分野では，農薬散布以外にもドローンの活用方法が現れてきた．たとえば，専用のカメラでの空撮によって生育のむらを把握し，均一化につなげるというものがある．インフラ点検においては，送電線の点検のような高所や狭隘部での利用が始まっている．その他，2021年に開催された第32回夏季オリンピック東京大会開会式でのドローン飛行など，多様な分野での利活用の事例が出てきている．

図2.1は，日本国内のドローンサービス市場の動向である．活用の幅の広がりとともに，急速な市場の拡大を見せている．民間の調査によれば，市場

規模は，2016 年度の 154 億円から 2021 年度には約 7 倍の 1129 億円，さらには 2025 年には 4360 億円と 10 年で約 30 倍の市場に達すると見込まれている．分野別にみると，特に測量・点検等の成長は著しく，2025 年度においては，1962 億円と，ドローンのサービス市場全体の半分近くを占めると予想されている．

　政府としても，成長が著しいドローン産業に関して，活用拡大と安全・安心の確保の両面から政策を推進することが必要であると考えており，内閣官房小型無人機等対策推進室が関係省庁と連携した対応を行ってきている．

2.2.2　ドローンの飛行レベル

　ドローンに関するビジネス展開と技術開発に対応しつつ，課題を解決していくには，関係する幅広い関係者の知見を結集し，継続的に取り組む体制が必要である．このため，政府では，2015 年より官民の専門家・関係者が一堂に会する「小型無人機に係る環境整備に向けた官民協議会」を開催している[2]．

　官民協議会では，ドローンの飛行について，飛行する地域の条件や操縦の方法などに基づいてレベル分けを行っている．それが以下のドローンの飛行レベルである．このうち，2022 年度の実現が目指されてきたのがレベル 4 である．レベル 4 は，ドローンの利活用について，重要な 1 つの目標であり，そこで可能になるのは有人地帯における補助者なしでの目視外飛行，たとえば現在はまだ認められていない第三者の上空を飛行しての荷物輸送等が可能となるレベルである．この実現は，ドローンビジネスの幅を広げるためには不可欠のステップといえる．

　レベル 4 の実現については，2021 年に閣議決定された成長戦略実行計画や成長戦略フォローアップに必要となる制度整備，技術開発，社会実装等に関する方針が記載されている．政府はこれらによって，少子高齢化や過疎化，担い手不足といった課題を克服したいと考えている．

---

2) https://www.kantei.go.jp/jp/singi/kogatamujinki/index.html

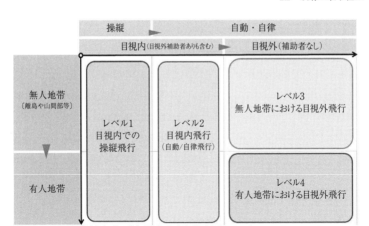

図 2.2　ドローンの飛行レベル

2.2.3　ドローンの飛行レベル 4 の実現に向けて

　制度面でも準備が着々と進行している．2020 年に，ドローンの所有者を把握するための登録制度，2021 年の航空法改正で機体の安全性に関する制度（機体認証）および操縦者の技能に関する証明制度（操縦ライセンス）をそれぞれ創設するなどして，レベル 4 での飛行を可能とする内容に航空法が改正され，2022 年 12 月までに順次施行されることになった．

(a) 空の産業革命に向けたロードマップ

　政府は関係する幅広い関係者の知見を結集して施策の工程表を作成することが必要と考え，官民協議会で「空の産業革命に向けたロードマップ」を毎年作成している．2021 年度策定のロードマップは，ドローンの飛行レベル 4 を実現し，将来は航空機や空飛ぶクルマも含めた一体的な空モビリティ施策を発展・強化させていくことを見据えたものである．はじめの一歩として，離島や山間部でのレベル 4 実現を想定している．このように地方での実装を進めていき，最終的には人口密集地域での飛行や，多数機同時運航へ結びつけていくと考えられる．

　また，このなかで環境整備・技術開発・社会実装という 3 本の柱を設定している．環境整備として代表的な取り組みは，登録制度，機体認証と操縦ライセンスの創設が挙げられる．登録制度は，事故発生時等に所有者を速やか

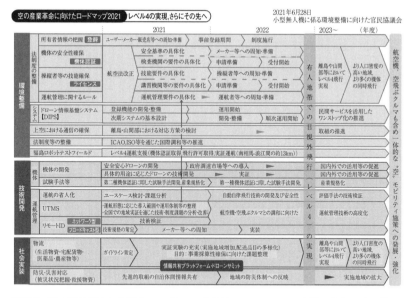

図 2.3　空の産業革命に向けたロードマップ 2021——レベル 4 の実現，さらにその先へ

に把握できるようにする他，安全性に問題のある機体の所有を抑止するといった目的がある．2021 年 12 月 20 日から事前登録が始まり，2022 年 6 月 20 日からは登録が義務化された．また前述のように，2022 年 12 月からの施行となる機体認証と操縦ライセンスについては，これまで以上に機体の安全性や操縦者等の技能を確保する必要性から検討・創設されることとなった．

　続いて技術開発の取り組みである．1 つは安全・安心な機体の開発である．政府・公共部門においても，測量やインフラ点検，捜索等，ドローンを利活用した業務のニーズが拡大している．こうしたニーズに対応するため，安全性や信頼性を確保したドローンの開発を政府としても支援している．具体例には，NEDO（国立研究開発法人新エネルギー・産業技術総合開発機構）が実施する事業として，高いセキュリティを実現するドローンの開発がある．2021 年 12 月より株式会社 ACSL より市場へ投入されている SOTEN（蒼天）がその成果である[3]．また，2021 年 10 月，多種多様な行政ニーズに対応するためのドローンの開発を支援するための検討会が立ち上げられ，検討が進

---

3) https://www.nedo.go.jp/news/press/AA5_101497.html

められている．さらに，ドローン運航管理システム（UTM）の分野でも技術開発に取り組んでいる．経済産業省と NEDO が行う UTM の実証実験等を通して得られた課題を分析し，今後の制度の検討も進められていくこととなる[4]．

　最後の柱として社会実装がある．ロードマップでは，物流と防災・災害対応の分野，そして自治体の連携強化のための取り組みに焦点を当てて計画を立てている．物流分野については，実証実験の段階から持続可能な事業形態として実装することを目指している．そのために 2021 年にガイドラインを整備し，ドローン物流の事業の導入方法や配送手段，関係法令等についてまとめた[5]．今後もそのガイドラインを更新していく予定である．

　防災・災害対応の分野に関しては，運用ルール等の環境整備や運航管理等に関わる技術開発を行うとともに，先進的な取り組み事例を他の地域にも横展開していくことを目指している．また，2022 年 10 月現在では，地域で実装を進めていくための検討や実証実験が，JUTM をはじめとするさまざまな主体にて行われているところである[6]．

　自治体の連携強化については，情報共有のプラットフォームとなるウェブサイト「ドローン情報共有プラットフォーム」の開設を 2022 年 4 月に行い[7]，2022 年 9 月，兵庫での開催を第 1 回とする定期的なドローンサミットの開催した．既にドローンの利活用に関する実証実験を行っている自治体では，効果や課題の検討が行われているが，得られた知見を自治体間などで共有できる場が充実していないという状況がある．そこで，情報を集約できるプラットフォームを創設するとともに，ドローンサミットを開催することとした．これらを通じ，関係者が連携してドローンの社会実装に向けて取り組む機運を高めたいと考えられている．

（1）自治体に対する支援

　現在，全国各地でドローンの活用に関する実証実験が行われている．実証実験を行い，社会実装を目指す自治体の活動を支援するべく，政府は，複数

4）https://www.nedo.go.jp/content/100946679.pdf

5）https://www.mlit.go.jp/report/press/tokatsu01_hh_000563.html

6）3.6.2 項参照．

7）https://www.cas.go.jp/jp/seisaku/drone_platform/index.html

の補助金制度を設けている．たとえば物流分野について，過疎地での物流網の維持を目的に，国土交通省と環境省が連携して自治体に対して支援を行っている．また，最近の動きであれば，岸田内閣が掲げる「デジタル田園都市国家構想」の取り組みの一環として，ドローンを社会実装する自治体について，内閣府から支援を得られる枠組みも創設されたところである．

今後，さらに多様な産業分野の幅広い用途でドローンが利用され，多くの人々がその利便性を享受し，産業，経済，社会に変革をもたらすためには，レベル4の実現が不可欠であると考えられる．政府一丸，官民一体となって，ドローンの利用促進を推進していくことが望まれる．

2.3 | 自治体の取り組み

ドローンの活用が広がるにつれて，各地の自治体でもその試みが進んできており，地域の特徴や課題にあった関連する事業の立ち上げと運営に試行錯誤が重ねられている．ここでは，視点やフェーズの異なる自治体の取り組み事例を取り上げる．

各自治体がドローンに取り組む大きな背景として，人口減少のなかでの地域住民の生活を守るサービスの維持や自然災害への対応の必要性がある．地域へのアクセス性の向上のために，空飛ぶクルマ事業に期待を寄せる地域も複数ある．

しかし各自治体では，まだ次世代エアモビリティはいまだ成熟過程にある技術という認識であり，この新しい技術やサービスを知り，技術の発展や実証を支援，地域に実装するための担い手の発掘や育成，そして事業性の向上のための環境整備に努力を払っている段階である．

たとえば，産業振興のため，勉強会や協議会の立ち上げや（大分，富山，長崎，福島），研究開発の各種支援（大分，福島），安全で円滑なドローン利用のためのガイドラインの作成と公開（福島）を行っていることが以下の事例から見て取れる．また，事業化を促進するための関係者のマッチングなどプラットフォームの提供（大分，長崎，福島）や，行政サービスの業務効率の向上効果の分析（兵庫，三重）などが試みられている．そして，どの自治体も，物流（離島・山間部配送，医薬品配送），防災，農林・治山，インフ

ラ点検(トンネル,テーマパーク)など,テーマ別に実証実験や実装のための検討を進めている.

2.3.1 インフラ整備から豪雨災害の備えまで──大分県

(a) 大分県の特徴と課題

　大分県では,2010 年から 2050 年の間に人口が 50％以上減少すると想定されている地域は非常に多いため,地域住民の生活を守るサービスの維持が課題である.また,大分県は特徴的な地理条件を持っている.沿岸部にはリアス式の複雑な海岸線があり,地域を道路で接続するためにはトンネルの存在が欠かせない.そのためトンネルの数は日本一を誇るが,それはつまりインフラ整備に手がかかるということである.トンネルを抜けたリアス式海岸の先には有人離島もあり,離島で暮らす住民の暮らしも守っていかなければならない.このようないわば日常的なインフラ整備の課題に加え,近年では豪雨災害への備えも忘れることができない.

　大分県はこれらの地域課題を解決するため,先端技術への挑戦というテーマを掲げ,AI や IoT,ドローンといった新しい技術を利活用する取り組みを始めている.これらが新たなビジネスを創出し,県内の産業振興につながっていくことが期待されている.

(b) ドローンの利活用 3 つの柱

　大分県ではドローンの利活用について,産業振興,ビジネス化,地域における実装の 3 つの柱を設定している.産業振興としては,県内でドローン産業を稼げる産業に転換していくため,まずは事業者がドローン産業へ参入することを後押しする活動を行っている.2017 年には産学官が共同し,大分県ドローン協議会を立ち上げた.この協議会では,研修会を通した人材育成に加え,測量・点検・観光等の分野別の分科会では専門的な意見交換も行われている.その他,補助金による研究開発等の支援や情報発信などの役割もある.大分県産業科学技術センターと県内企業が共同開発したドローンアナライザーは,協議会が支援した研究の成果である.

　ビジネス化に関しては,2020 年にドローン事業者とユーザーをつなぐプラットフォームとして,おおいたドローンコンソーシアムが設立された.4

つの県内企業が中心となり，ドローンサービスの申し込みから決済までを一元管理するウェブサイトが運営されている．このようなプラットフォームの提供は，事業者のビジネスチャンスを広げ，ドローンの利活用を多くの人にとって身近なものとするには重要な取り組みと考えられている．

　地域における実装に関しては，大分県では5つのテーマを設けている．①過疎地・離島の物流，②農作物の集荷，③医薬品の配送，④防災分野での活用，⑤工場施設点検など保安分野での活用である．既に県内の各地をフィールドとして実証実験が行われており，ドローン利活用の効果や価値について地域住民の理解も得られてきたところである．実際に実験の様子を地域住民が目の当たりにすることは，ドローンに対する社会受容性を高めることにつながると大分県は考えている．実証実験を積極的に受け入れる自治体も増えてきたところである．

(1) 離島でのドローン物流の実証実験

　無垢島は大分県津久見市にある離島であり，ここと本土を結ぶ定期船は基本的に1日1往復のみである．現在は新型コロナウイルス流行の影響を受け，従来に比べ定期船の利用者が9割減少している．利用者の減少は収入の減少に直結するため，定期船を運航する津久見市は航路の維持に苦戦している．そこで，これまでは定期船で輸送していた食料品や日用品，医薬品等といった物資をドローンで輸送する買い物サービスを導入することを考えた．ドローンと定期船を組み合わせることで，より効率的な物流を実現しようと実証実験に取り組んだ．島民の生活を豊かなものにし，コスト面では定期船の航路の維持につながるビジネスとなるよう検討している．

(2) ドローンによる農作物集荷

　大分県の南部に位置する佐伯市には，地域で生産された農作物を販売する道の駅が存在する．この道の駅では，農作物が目玉商品であるにもかかわらず，年々取り扱う量が減少してきている．その原因は生産者の高齢化にある．だが，単純に高齢化により農業をやめる人が増えたというわけではない．農作物の生産は継続したいと思っていても，自動車免許を返納してしまったため出荷作業ができないことを理由に農業から離れる高齢者が多い．この問題を解決するため，ドローンが自動で生産者のもとへ集荷に行き，出荷を可能にするサービスが考えられた．これが実現すれば，生産者にかかる出荷の負

担は軽減され，道の駅は商品の量を維持できて売り上げの機会が拡大するというメリットがある．実証実験は 2020 年末に行われ，実装を目指している．

(3) ドローンによる救援物資の配送

2020 年 7 月の豪雨で，大分県日田市では道路の寸断による地域住民の孤立や携帯電話の不通といった被害が発生した．今後の類似の災害に備え，孤立地域との連絡手段や救援物資の輸送手段を確保するため，ドローンの利活用が検討されている．具体的には，ドローンによる撮影で災害現場の状況を確認した後，孤立地域に向けて衛星電話を含む救援物資をやはりドローンで届けるものである．この実証実験を行うにあたり，2020 年に孤立を経験した平野地区が舞台に選ばれた．災害当時，平野地区での状況確認は自衛隊が行った．拠点としていた中津江振興局から平野地区へ，寸断された道路を辿り 2～3 時間かけて徒歩で移動した．これに対し，ドローンでは直線での移動が可能であるため，所要時間約 5 分と大幅に短縮できる．ドローンによる迅速な救援の実現が期待できる．

(c) 今後の展望

大分県では，数多くの実験に取り組むなかで，ドローン物流の技術面での成熟を感じる一方，課題も見えてきている．ドローン物流が社会システムの一部として実装される段階に至るには，3 つの課題があると大分県は考えている．

1 つ目は，実装のコストの高さである．コストに見合うまでの利便性や必要性が見出せないサービスが多い．食料品や日用品の買い物にドローン物流を利用するサービスでは，実装するためのコストとして受発注システムの整備，協力する店舗のネットワーク構築がある．医薬品配送には，医師の処方が求められるため遠隔診療システムの整備も必要である．このような環境整備にかかるコストは大きく，費用対効果の問題が壁となりがちである．

2 つ目は，ドローン物流を担う人材の不足である．ドローンのような一種のロボットを活用できるシステムインテグレータとなれる人材が，地方では不足しているものである．しかし，ドローンの実装が期待される場所は地方にあることが多く，人材確保が課題である．

3 つ目は，ドローンを利活用するリスクの許容である．自動車等と同様に，ドローンの飛行には墜落などの事故の危険性がある．安全性を高めることは

もちろん必要だが，リスクを受け入れる土壌を作っていく必要もある．大分県は，ドローンの事故に関する情報を集め，共有できるよう発信することを検討している．

これら3つの課題を乗り越え，ドローンの地域実装を進めていくためには，ドローン物流の市場を作らなければならない．そのためには，共通の事業法を定めること，ドローンの飛行レベル3についての知識を共有し新制度に反映していくこと，ヘリコプター等に競合できる市場価値をドローン産業が身につけることの3点が重要になると考えられる．大分県は，これらの実現のために実証実験等で得られた知見やノウハウを活かしていきたいと考えている．

2.3.2　日常サービスで高齢化地域の暮らしを守る──富山県

(a) 富山県の特徴と課題

富山県は，2021年度から中山間地域の課題解決のための一手段として「中山間地域ドローン物流実証事業」を実施している．富山県では，中山間地域が県全体の面積の約7割，人口は全体の約2割で，およそ20万人が生活しているが，ここでは人口減少の傾向が顕著に見られる．そのスピードも速く，2015年から2045年の減少率は県全体では23％であるのに対し，中山間地域では43％と高い数値が予測されている．そして2045年には，高齢者の割合が人口のほぼ半分である48％となると見込まれており，高齢化は深刻な問題となっている

また，県が2018年度に中山間地域の集落に対して行った実態調査で明らかになった「暮らしにおいて困難が生じていること」は，「後継者の育成の問題」や「獣害」，「除雪作業の負担」「公共交通の利便性の低下」のほか，「商店・スーパー等の閉鎖」であり，特に最後のものについては多くの集落で困難が生じているとのことであった．県では，これらのような課題に対するデジタル技術を活用した解決策の1つとして，ドローンによる物流の可能性検証に乗り出したのである．

図2.4 第1回富山県ドローン
物流勉強会の様子

(b) ドローン物流の実証実験の進め方

(1) 実証実験に向けた準備

　富山県がこの事業を開始するにあたり，最初に行ったのは情報収集である．ドローンの実証実験を既に行っている複数の自治体の視察や，関連事業者から取り組みについて聞き取りを行った．2021年6月には第1回富山県ドローン物流勉強会を開催し，産学官民が集まって情報交換できる場を設定した．この勉強会では，国土交通省やドローンの利活用の先進自治体，事業者等から，ドローン物流に関する国の動向・取り組みや全国での先進的な取り組み事例の紹介を受けた（図2.4）．勉強会の参加者は，市町村や関係団体，県内事業者など約100名に上り，実証実験に向けての理解を深め，機運醸成を図っていった．

　これらを経て，ドローン物流の実証実験に向けての準備が本格化した．翌7月には，中山間地域の市町村の実証実験候補地に，ヒアリングや現地調査など意向調査を行った．これは先進自治体からのアドバイスを活かしてのものである．後に地域住民や事業者に実証実験について説明する際には，市町村の協力が必要となる．意向調査を通して各市町村の意思を確認し，円滑なコミュニケーションが取れるよう準備しておくことが大切だという配慮である．その結果，最終的に県南西部に位置する南砺市を実証実験の候補地として選んだ．実証実験の地域選定の後には，公募型プロポーザルにより委託業者を選定した．

　実験の舞台となる南砺市の平地域では，南部の下梨地区にしか商店が存在

しない．住民の地域内における日常の買い物の場は，この唯一の商店もしくは週2回の移動スーパーに限られる．ドローン物流が確立されれば，食料品や日用品を手に入れる手段が増え，地域住民の生活が豊かになると考えられる．

　実証実験に向けた準備のなかで，富山県が最も時間をかけて行ったのは関係者との事前調整である．富山県・南砺市といった行政側と，実際にドローンが飛行する予定の平地域の各地区の区長，ドローンの離発着場所となる施設の管理者，緊急時の対応を依頼する警察・消防や，飛行経路に関係する漁業協同組合・電力会社等との調整を行った．特に電力会社に関しては，飛行ルートの途中にあるダムの管理者であるということから，重点的に説明を行った．電力会社との協議の結果，ダム上空は迂回するルートを作成することで合意に至った．また，地域住民や施設との調整は南砺市が仲介することでスムーズな合意に至った．

　現地でのドローンの飛行が開始されたのは同年10月からであった．まず，ドローンが飛行する上空での電波状況を把握するための電波調査に始まり，合計4回のテスト飛行が行われた．実際にドローンを飛ばしてみることによって，実証実験での飛行ルートの精度を高めることも目的であった．こうして，11月の実証実験を迎えることとなった．

(2) 南砺市でのドローン物流の実証実験

　実証実験は，マスコミにも公開して11月26日に行った．あらかじめ立て看板を設置して地域住民や通行者に注意を促し，実証実験が安全に進むよう準備を整えた．ルートは，商店のある南部の下梨地区をスタート地点とし，東中江地区を経由して，北部の祖山地区まで河川に沿って飛行するという片道のものである．全長は約9 kmであり，スタート地点の下梨地区から約3 km地点の東中江地区で地域住民に荷物を受け渡しした後，ゴール地点の祖山地区まで約6 km飛行した（中山間地域であることから電波状況に課題のある箇所もあったことから，スタートの下梨地区から東中江地区までは，レベル3（目視外自律飛行）による荷物配送を行い，荷物を下ろした後，下梨地区まではレベル2による飛行を行った）．運搬した荷物は，下梨地区の商店で購入した食料品と日用品を10品，合計約3 kgである．結果として無事に東中江地区の地域住民に荷物を届けることができ，ドローンも祖山地区

図 2.5 南砺市でのドローン物流の様子

までゴールすることができた（図 2.5）．

(c) 今後の展望

　富山県は，ドローン物流に関して県のロードマップを作成して社会実装を目指し，2021 年に 1 回目の実証実験を終えた．2021 年の実証実験の結果に基づいた課題整理をしたうえで，2022 年度以降も実証実験に取り組んでいる．そこでは，ニーズの把握やビジネスモデルの検討も並行して行っていき，また勉強会も引き続き回を重ねていく予定である．2022 年度のレベル 4 実現の動きを注視しながら，富山県は中山間地域におけるドローン物流の社会実装に向けて取り組んでいく．

2.3.3 「海と離島の県」こそ空モビリティ：実証・実装の場を目指す──長崎県

(a) 長崎県の特徴と課題

　長崎県では 2040 年には生産年齢人口が総人口の 5 割を下回ることが予測されている．また，長崎県は「海と離島の県」と言っても過言ではなく，県内の有人島の数は 51 に上り，全国で 1 位の数を誇る．このような特殊な環境を，ドローンによる物流の実証実験などの場として提供する取り組みを始めている．こういった背景のもと，長崎県はデジタル先端技術，なかでもドローンに注目している．

　長崎県では，国が推し進める未来社会である Society 5.0 の県内での実現を目指し，「ながさき Society 5.0 推進プラン」を策定し，産学官の関係者が連携して活動できるプラットフォームを設けている．このプラットフォーム

では，各部会内に設置したテーマ・分野ごとのワーキングチームを適宜，組成することとしており，それは長崎県が主導し，県内の21の市・町や関連する事業者が集まって構成されている．そのなかで，ドローンにかかる制度，技術などの共有や普及啓発活動なども行われている．

(b) 医療物資の輸送やインフラ点検

　県内では既に複数の実証実験が行われてきた．新上五島町では，ドローンによる物流実験が行われた．離島の医療体制は不十分なものになりがちであり，多くの離島を抱える長崎県では喫緊の課題である．このような背景があり，緊急時の医療物資の輸送にドローンを役立てようと，中通島を中心とした物流の実証実験が行われている．また，輸血用血液や検体などの輸送に併せて日用品の輸送も行われている．実証実験は島内，離島間，離島と本土の間と3パターンで行われ，実験を通して気象条件の分析や安全性の確認などを細かく行ったうえで，社会実装に向けての課題を検討している．ドローンによる物流の事業化が実現すると，島民の生活の利便性の向上のみならず，新たな雇用創出にも結びつくことが期待されている．

　ドローンを用いたインフラ点検の実証実験も行われた．県内のテーマパークであるハウステンボスを舞台として行われたこの実験では，ドローンで撮影された画像をもとに敷地全体の建物を3Dモデル化し，机上での高精度な点検が実現した．広大な敷地に複雑な装飾の施された建物が複数存在するハウステンボスでは，これまで膨大な時間をかけて点検作業が行われてきたが，今回のドローンの利用によって，目視での点検が不要になったことにより，96.5%の工数削減という結果が出ている．また，これまで死角となっていた建物の細部まで確認できたことにより，作業品質の向上にもつながっている．3Dデータを蓄積していくことで，今後の施設整備にも活用できると考えられている．

　この他，ドローンによる農薬散布や，ドローン技術を応用したスタジアム観覧席の除染作業の実証実験など数多くの実験が行われている．社会実装のためには解決すべき課題が残されているものもあるが，長崎県は今後も積極的にドローン利活用の実証実験に取り組んでいく．また，これまでは取り入れてこなかったエンターテインメント分野でのドローン実証実験も視野に入れていきたいという希望がある．

(c) 今後の展望

　長崎県には人口減少という課題があるが，県内外への人の移動・物流に時間がかかるという課題も抱えている．長崎県から出荷される農産物・海産物といった生鮮品を届けるには，この時間は大きな壁である．この問題を解決するのに，空のモビリティが大きな役割を果たすと考えられる．ドローンを用いた空での直線移動が可能になれば，離島から県内外各地へつながる新たなビジネスが広がるということである．

　ドローンの社会実装に向けては，他の地域でも盛んな動きがある．だが，長崎県の強みは実証実験に適したリアルフィールドがあるということである．「海と離島の県」であるが故に，ドローンを利活用できる場は非常に多い．離島間，離島と本土の間，さらには山間部も実験環境として有用だと考えられる．台風の影響を大きく受けたり，大雨が降ったりといった気象条件，中国からの黄砂飛来など地域特有の条件も実証実験に役立つだろう．地理条件に加えて，実証に利用できる設備としては，離島に複数存在する空港が挙げられる．なかでも，小値賀空港と上五島空港には民間定期航路がなく，現在はほとんど利用されていない．そのため，長崎県は充実した管制システムと滑走路を用いた実証実験の場として提供することを考えている．また，ドローンの利活用を支える整備・メンテナンスに関しても，県内にある航空機部品産業や半導体産業の技術力が活かせるのではないかと考えられている．

　長崎県の強みの最後として，ドローンを社会実装するために最も大切なのは社会受容性の向上と考えられている．これまでにも電気自動車や自動運転などの実証実験を受け入れてきた長崎県には，新しい技術・サービスに対する高い社会受容性があると考えられる．長崎県としては，これらの強みを活かして県内外の空モビリティ事業者の実証実験を誘致したいと考えている．

　長崎県は，Society 5.0 の実現のためにドローンを始めとする新しい技術・サービスを正しく把握し，それらを利用できる基盤の整備に取り組んでいる．そして，地域の抱える問題を解決できる技術・サービスを持つ県内外事業者をマッチングして誘致する活動を進めている．今後は，地域に密着した事業者と市町村単位での行政を連携させていくことが県の果たす役割となる．

2.3.4　多様な分野での利用の開拓と促進——兵庫県

(a) 兵庫県の特徴と課題

　兵庫県は，かつての摂津，播磨，但馬，丹波，淡路の5つの国からなる県である．そのため地域ごとの個性の強さが特徴的である．そのような兵庫県が全体として抱える課題は2点ある．1つは人口減少と超高齢化，2つ目は自然災害の脅威である．近年，全国的に問題となっているゲリラ豪雨や超大型台風の与える農林水産業への影響は大きく，経済への打撃も考えられる．また，猛暑・少雪の傾向が続いており，亜熱帯化する気候は健康被害も引き起こしている．また気候変動の他に，懸念されることに南海トラフ地震がある．兵庫県は，これらの課題を解決していく手段の1つとして，ドローンの利活用を進めていこうとしている．

(b) ドローンの社会実装に向けた取り組み

　兵庫県の施策のなかで，地域でのドローンの社会実装を目指して進めているのがドローン先行的利活用事業である．これは，兵庫県が神戸市・公益財団法人新産業創造研究機構と連携して2019年から開始した事業である．ドローンの利活用によって，地域に新しい産業を創出することや，県民により安心・安全な暮らしを提供すること，行政サービスの向上・業務効率化をすることが目的にあり，行政組織が行っている業務をドローンに置き換えて実施する実証実験を行っている．農林，治山，防災といった各課のテーマごとに，ドローンを利活用できる提案を募集して実証実験を行うというものである．

　また官民連携分野は，ドローンを活用した新しいビジネスモデルの構築に関する民間企業からの自由な提案を募集している．行政・官民連携分野ともに採用された提案について実証実験を行い，効果や課題を検討するという事業である．内訳は表2.1に示した．2019年度には行政分野で，防災訓練等での活用や，森林資源の調査などをドローンに置き換えて試験をすることで，ドローンの利活用の成果や課題を確認している．テーマを担当した多くの課からは，実用化に向け一定の課題はあるものの解決が可能であり，将来の実用化が見込まれるとの結論が得られている．これを受け，2020年度には行政分野だけでなく，官民連携分野でも取り組んだ．2021年度は官民連携分

表2.1　ドローンを活用したビジネスモデル提案の内訳

年度		行政		官民	計
2019	14	防災訓練，森林資源の調査など			14
2020	6	災害対策，鳥獣害対策，文化財調査，水道施設調査	4	農業，漁業，環境観測	10
2021	3		7	鉄道点検，蜂の巣駆除，農業，物流，観光	10
計	23		11		34

野の事業の幅が広い．以下，2020年度から1テーマ，2021年度から2テーマの取り組みを紹介する．

(1) 固定翼無人機による環境観測

2020年度の官民連携分野の実証実験のうち1つは，固定翼無人機を用いた環境観測である．一般的に，大気中の汚染物質であるオゾンやPM2.5の観測は，地上でのモニタリングや気球（ゾンデ）観測，航空機による観測等の方法で行われている．しかしながら，人の生活空間である地上付近（高度500 m以下）の3次元的な空間の環境濃度観測という意味では不十分であることから，長時間の飛行が可能な固定翼無人機を用いた観測を行った．固定翼無人機による観測は，地上付近から上空までの時間変化を含んだ濃度測定ができることが特長であり，航空機による観測と比較して，より生活空間に近い高度の計測ができ，かつ低コストで利便性も高い．一定の成果が得られたことから，今後の実装が期待されている．

(2) ドローンによる蜂の巣の駆除サービス

2021年度には，民間企業と連携し，蜂の巣の駆除の実証実験を実施している．兵庫県は蜂の巣の駆除の相談件数が全国でもトップクラスである（公益社団法人日本ペストコントロール協会調べ）．蜂の巣の駆除は，蜂に刺されるという危険性の他に，夜間に高所で作業を行うことが多いため怪我の可能性がある．さらに，蜂が活発に活動する季節が夏であることから，防護服を着て行う作業には熱中症の危険もある．このようなリスクを回避するために，ドローンによる蜂の巣の駆除作業の実証実験に取り組んだ．実験は安全性に考慮し，山間部等の人のいない場所での実験から民家のような人のいる場所へと段階的に進めていくこととなっている．駆除は，蜂を吸い取るためのラッパ状の吸引機や，蜂の巣を落とすために回転ブラシ等をドローンに搭

載し操作するという形である．実証実験によって，更なる安全性・効率性の
向上を図り，2023年の実用化を目指している．

(3) ドローンの遠隔操作技術による観光促進事業

　2021年度は蜂の巣の駆除の他に，ドローンの遠隔操作技術を用いた観光
促進の取り組みも行っている．日本では2020年より新型コロナウイルス流
行の影響を受け，観光産業等が大きく落ち込みを見せている．旅行会社では
オンラインツアーの実施といった工夫をしているものの，人間の手で撮影さ
れた動画を見るだけの企画では集客力が乏しく，苦戦を強いられている状況
である．そのようななかで，ドローンの遠隔操作技術を用いた新たなオンラ
インツアーの形を模索するため実証実験を行った．誰でもドローンの遠隔操
作が可能となるソフトウェア技術を用いて，都会にいるツアー参加者が自分
の手で観光地に置かれたカメラ搭載のドローンを遠隔操縦することにより映
像を楽しむというものである．実証実験では，ドローンの飛行エリア（観光
地）から70 km離れた会場（神戸・三ノ宮）で，一般の参加者が行った．
新型コロナウイルス流行が収束した後にも，高齢者や身体障害者等といった
旅行が困難な人にツアーを提供する手段となるのではないかと考えられてい
る．

(c) 今後の展望

　ドローンの社会実装に向けて，3つのポイントがある．

　1つ目は，現行手法との比較である．行政分野では2019年から実証実験
を開始しており，それぞれの実験について効果や課題を検証している．実験
の成果を踏まえて，社会実装につなげていくことが大切であるため，現行手
法と技術，データの品質，運用方法など細かく比較して効果を明確に把握す
る必要がある．

　2つ目は，費用対効果の比較である．

　3つ目は，社会受容性の向上である．兵庫県では，引き続き実証実験を進
めていくが，特に県内事業者のドローン導入を促進したいと考えており，県
内地域や企業等のニーズに基づいたドローン利活用を模索している．2019
年度から3年間実施した経験から，ドローン利活用の裾野は拡大しやすいと
考えており，また実証実験の結果や得られた効果・課題については，兵庫県
のホームページ[8]等で公開するとともに，県内外の展示会等の場でPRを行

うことで社会受容性を高めていきたいという展望がある.

2.3.5 福島ロボットテストフィールド――福島県

(a) 福島県の特徴

　2011 年 3 月 11 日に発生した東日本大震災，および福島第一原発事故で被災した福島県では，産業復興を大きな課題として抱えている．震災によって浜通り地域の産業基盤が失われた影響は大きく，国と県が連携して復興に取り組んでいる．そのなかで，浜通り地域に新たな産業を創出する目的で，福島ロボットテストフィールドが設けられた（図 2.6）.

　2020 年 3 月より全面運用が開始されたこの施設は，国家プロジェクトである「福島イノベーション・コースト構想」に基づき，南相馬市と浪江町の 2 つの拠点に完成した．陸海空のフィールドロボットの一大開発実証拠点として，県内外の企業からの注目を集めている．世界でも類を見ない大規模な施設となっており，特にロボット産業の中でも成長著しいドローン市場を支える場として広く活用されていくことが期待されている．また今後は，県内の数多くのものづくり企業の存在を強みとし，福島ロボットテストフィールドを核に関連産業を集積することで福島県の産業振興を図っていきたいと考えている．

(b) ドローンの社会実装に向けた取り組み

　福島県は，ドローンの社会実装に向けて 3 つの取り組みを行っている．第 1 に，福島ロボットテストフィールドを核としたソフト・ハード両面での支援である．第 2 に実証実験の支援である．そして第 3 に，補助制度の拡充・普及啓発活動である．

(1) 福島ロボットテストフィールドを核とした支援

　福島ロボットテストフィールドでは，多種多様な施設の提供が行われている．南相馬市の拠点では，東西約 1000 m，南北約 500 m という広い敷地内にさまざまな特徴を持つ施設が存在している．このうち，ドローンに関係のあるエリアは 2 つ存在する．ドローンの飛行試験が可能な緩衝ネット付きの飛行場，風洞棟や，長距離滑走路を使用した飛行試験を行える無人航空機エ

8）https://drone-hyogo.jp/

図2.6　福島ロボットテストフィールド全景図

リア，インフラ点検の実証実験の場として橋やトンネルなどのインフラ構造物が設置されたインフラ点検・災害対応エリアがある．福島ロボットテストフィールドは航空局標準マニュアル（研究開発）に準拠した施設であり，テストサイトとしては国内で唯一，空域の監視が可能である．ドローンや無人航空機の実証実験をするには利便性が非常に高いといえる．また，浪江町の拠点にも設置された長距離滑走路を活かし，両拠点間の約13kmを結んだ飛行試験も可能となっている．この飛行試験のための広域飛行区域を整備するべく，2021年度より県と福島ロボットテストフィールドは両自治体と4者で飛行ルート調整会議を立ち上げた．

　また，場所の提供だけでなく，全国でのドローン社会実装に資する知見や機会の創出への支援も行われている．具体的には，ドローンの利用環境に応じた各種ガイドラインの作成と，ドローンに関係する団体等との連携協定の締結の2点が挙げられる．まず，ガイドラインについては，警備分野，プラント点検分野，災害分野等の利用環境について作成している．それぞれの場面においてドローンを安全に運用するために，実務マニュアルやチェックリストを公開することで事業者を支援するものである．無人航空機の運用に関するガイドラインやチェックリストも存在し，事業者がドローンや無人航空機を利活用できる環境を整えている．続いて，連携協定については，ドローンの社会実装を目指す団体と協定を結ぶことで仲間づくりをするものである．現時点では行政機関や大学を中心とした15の団体との連携協定を締結しており，今後も協力体制を強めながらドローンの社会実装を後押ししていきた

いという狙いがある．国土交通省航空局とも連携しており，福島ロボットテストフィールドでは規制等について航空局派遣職員が助言を行っている．

(2) 実証実験の支援

福島県の行うロボットの実証実験の支援には3つの形がある．1つ目は，実証実験を行う環境を選定し，事業者に提案・提供していくというものだ．これは福島県と福島ロボットテストフィールドが共同して行っている取り組みで，事業者の希望に沿った実験環境を浜通り地域から選ぶこととしている．実績として，2015年8月から2022年8月までの期間に876件の実証実験を誘致している．実験内容はドローン落下試験や災害時のドローン飛行訓練など多様である．2つ目は，福島ロボットテストフィールドの南相馬市・浪江町の2拠点を結ぶ無人飛行機の飛行試験の支援である．両拠点にある長距離滑走路を活かした飛行試験を事業者が希望する場合，飛行区域等について地元住民との事前調整が不可欠となる．飛行試験の都度，福島ロボットテストフィールドがこの調整を仲介することで，スムーズな運用が可能となっている．3つ目は，県内事業者を対象とした福島ロボットテストフィールドの施設使用料補助である．福島県の産業育成のため，県内事業者による研究開発や事業化を促進する目的で行っており，2022年現在は使用料の半額を補助している．

(3) 切れ目のない補助制度と普及啓発

福島県では，ドローン社会実装のための補助は切れ目なく行うことが大切であると考えている．補助金は複数存在し，研究開発から事業化への取り組みまでをカバーするものとなっている．浜通り地域での研究開発を支援する大型補助金や，県内中小企業向けのロボット開発経費の補助金，県内大学とロボット産業企業の産学連携事業向けの補助金など，多様な補助金で地域の産業振興を支援している．また，県内事業者がメードインふくしまのロボットを県内で使用する際，購入費用を半額補助する導入補助金もある．メードインふくしまのロボットには，これまで47件が福島県によって認定・登録されている．県内のロボット・ドローンの導入を促進することが目的である（図2.7）．

ロボット・ドローン産業の普及啓発活動も積極的に行われている．ドローンに関する知識を深め，産業に関係する事業者のマッチング機会を創出する

図2.7　メードインふくしまの
ロボット（イームズロ
ボティクス　農薬散布
用ドローン エアロス
プレーヤー AS5 Ⅱ）

ため，福島県では「ロボット・航空宇宙フェスタふくしま」を始め，多くの
イベントを行ってきた．事業者間での交流が生まれることは販路開拓に結び
ついていくため，産業振興に有効と考えている．また，事業者や大学，そし
て自治体等の産学官の関係者の意見交換・情報収集の場として，ふくしまロ
ボット産業推進協議会を運営している．2021年10月には，経済産業省と
NEDOが主催した世界規模のイベントであるワールドロボットサミット福
島大会も開催された．このイベントの中で福島県は，併催イベントを開催し
国内外の来場者に向けて県内を拠点とするロボット・ドローン事業者のPR
を行った．これらの普及啓発活動が，福島県でのロボット・ドローン事業者
の増加につながっていくことを期待している．

(c) 今後の展望

　福島県は，福島ロボットテストフィールドを中心としたドローンの社会実
装による地域振興を掲げている．既に取り組みの成果が見え始めており，福
島県にドローン産業で新規に進出した企業は30社を超えている．今後も，
さまざまな実験環境が整備された施設の存在を活かし，ガイドラインや補助
金，普及啓発等による支援を行いながら，たくさんの実証実験を誘致したい
と考えている．被災地からイノベーションを生み出すことを目標に，産学官
民で協力しながら取り組みを継続していく予定である．

　今後，取り組みを効果的に進めていくために鍵となるのは，県内事業者と
県外事業者の連携をいかに深めていくかということだ．福島ロボットテスト

フィールドが開所して以来，利用者にはドローン産業に関心を持つ県外事業者の多さが際立つ．福島ロボットテストフィールドの研究棟に入居し，長期に亘って研究開発を行う県外事業者も存在する．ドローン産業に前向きな県外事業者と県内事業者を結びつけ，県内事業者にも勢いを持って活動してもらいたいという希望が福島県にはある．両者が力強く事業を進めていくことができるよう，個別の事例に適した支援に取り組んでいく．

2.3.6　非接触型完全自動物流──三重県

(a) 三重県　ドローンの利活用のコンセプト

　三重県では，ドローンの利活用に関して，観光産業，生活の利便性向上，産業の効率化・災害時の緊急支援という3つのコンセプトを掲げている．

　第1の観光産業での新たな価値の創出は，ドローン物流がビジネスとして普及した後，人の移動手段として空飛ぶクルマの活用に移行するよう促進していこうというものだ．三重県は空港や新幹線の駅を持たないものの，車や鉄道を利用すれば1，2時間という短時間で大阪や名古屋といった大都市に移動できる県である．この立地に加え，たとえば中部国際空港セントレアから空飛ぶクルマを用いて三重県内の観光地に移動できるようになれば，さらなる移動時間短縮が見込まれ旅行が容易になる．また，空飛ぶクルマからの景色を楽しむという上空からの遊覧も可能となる．伊勢神宮や熊野古道等の観光資源の豊富な三重県には，空飛ぶクルマによるスカイアクティビティは有用だろう．

　第2のコンセプトは，離島・過疎地域など生活不便地の利便性向上である．三重県では，北部は製造業を中心とした商工業が盛んであり，南部は伊勢神宮などの観光資源がある．幅広い産業が発展している県だといえるが，南部には6つの有人離島や中山間地域も存在しており，過疎化の問題もある．特に離島における買い物弱者への物流サービスや，医師が不在の地域に向けての遠隔医療，医薬品の配送といったサービスにおいて，ドローンが活用されるよう促進していくことを考えている．

　第3のコンセプトは，産業の効率化・災害時の緊急支援である．太平洋に面する三重県は，南海トラフ地震が起きた場合に大規模な被害を受けること

が想定されている．そのような災害の初期段階に現地を確認し情報収集を行うこと，緊急物資の輸送にドローンを活用したいと考えている．特に被害状況の確認や救援活動の際には，高低差や距離に関係なく飛行できるドローンが役立つだろう．また，人の代わりにドローンが現場に赴くことで安全性も確保できるはずである．

(b) 非接触型完全自動物流や空の交通整理

(1) ドローンによる非接触型完全自動物流の実証実験

2020年度に民間事業者によって行われた実証実験として，ドローン物流に関するものがある．これは三重県の有人離島の1つ，間崎島にて行われた．間崎島は，約70人の人口の8割以上が高齢者という島である．食料品や日用品の買い物は基本的に定期船のみで，高齢者の負担が大きいのが実情である．この実証実験では，ドローンで本土のスーパーから食料品を配送するという形を取った．往復約11 kmのルートをレベル3でドローンが飛行する（図2.8）．新型コロナウイルス流行下という状況を考慮し，完全非接触での配送を目指して実験が行われた．ドローンに装着された荷物は，間崎島に到着すると自動で切り離される．ドローンはそのまま再離陸し，間崎島を去る．その後，安全確認ができ次第，サービスを利用する地域住民自身が荷物を回収するというものである．同様の実証実験は医薬品の配送についても行われ，地域住民からは高い評価が得られた．

(2) 空の交通整理に関する実証実験

先ほど紹介したドローン物流の実証実験と同年には，災害時を想定した空の交通整理に関わる実証実験も民間事業者によって展開された．これは，南海トラフ地震が起きた際に大きな被害が出ると予想される志摩市にて行われたものである．災害時は，被害状況の確認や物資の輸送等といったさまざまな目的で，複数のドローンやヘリコプターが同じエリアを飛行することが考えられる．複雑な運航環境のなかでは，近接しての飛行や衝突を回避するための交通整理が不可欠となる．現在，災害時の自治体のドローン利活用についての運用方針は明確には定められていない．この実証実験の結果を活かし，安全な運航管理システムが確立されていくことを期待している．

(3) ドローンによる廃棄物の総量積算

三重県では，既に行政分野でドローンを実装している．それは2017年か

配送ルート
往復約11km
離陸から約15分で間崎島に到着

図 2.8 間崎島でのドローン
物流

ら行っている，不法投棄された廃棄物総量の積算での利活用である．近年の
三重県を苦しめる問題として，不法投棄の増加が挙げられる．改善命令を発
出するにあたって廃棄物総量の積算を行う必要があるが，人力での積算は安
全性の確保や作業量の大きさ，積算の精度などさまざまな面で問題があった．
そこで，ドローンで廃棄物の写真を撮影し，3D モデル化して体積を算出す
るという測量システムを導入することとなった．この結果，滑落等の危険の
ある場所に人が踏み込む必要がなくなり，リスクが回避された．また，作業
に当たる人数は 10 人から 3 人へと減り省人化できた．これまでは撮影後の
データ処理にも時間を要していたが，1 人当たりの総作業時間が 52 時間か
ら 5 時間に減少し，大幅な業務改善につながった．今後は，不法投棄そのも
のの監視・抑止にもドローンの活用が期待される．

(4) 空飛ぶクルマに関する取り組み

　ドローンや，空飛ぶクルマの将来の実用化に向けて，地方では初めてとな
る県独自のロードマップを作成した．国の方針を踏まえ，2020 年代前半の
ヘリコプター事業化に始まり，2023 年度の物流分野での事業化，2027 年度
の乗用分野での事業化をマイルストーンに，安全安心を第一に空の移動革命
の促進に取り組んでいる（図 2.9）．

　2020 年度には，今後求められる施設や設備，運営体制などの環境整備調
査を行うとともにヘリコプターを利用して飛行ルートの策定のための実証実
験も行った．これらの結果をもとに，2021 年度は空飛ぶクルマのビジネス
モデル検討を実施した．将来的に空飛ぶクルマが安定的な事業として継続し，
地域にとって利益となるビジネスへと成長するよう考えていく予定である．

図2.9　三重県での空飛ぶクルマ利活用イメージ（観光）

　民間事業者や自治体との連携も進めている．空飛ぶクルマの社会実装は，三重県だけの力で行うのは難しい．ドローンや空飛ぶクルマ等の利活用に積極的な複数の民間事業者と協定を結び，連携体制を構築している．また，国内では福島ロボットテストフィールドを有する福島県と協定を締結した他，欧州46都市の参加する自治体連絡会UIC2とのパートナーとなった．国内外での三重県の知名度の向上を図り，将来的な三重県での新しいビジネスの創出が期待される．

(c) 今後の方向性と課題

　ドローンの社会実装に関しては，三重県は2023年度からの物流の事業化を目指しているが，多くの課題が存在する．なかでも，ドローン物流をビジネスとして成立させることに関しては難しいと考えている．物流および交通に問題があり最もドローン物流を必要としている地域は人口規模が小さいために，収益や人材確保等の面で克服しなければならない壁がある．課題の解決には，他の自治体や民間事業者の協力が必要と考えられる．

　空飛ぶクルマの事業については，いまだ法令面での整備が不十分な状態である．そのため，三重県は国等に向けた提言や働きかけを行っている．また，今後の実用化に備えて具体的な飛行ルートを検討する他，離発着地点付近の地域住民の受容性を高めていく活動も必要となる．三重県は，ドローンと空

飛ぶクルマ等による空の移動革命の実現を目指し，広い視野で取り組みを継続していく．

2.4 ┃ まとめ

地域の日々の暮らしを安全・安心で快適・便利なものにすることを目標に，政府や自治体において取り組まれている次世代エアモビリティの活用に向けた環境整備の事例を見た．

産業の育成による経済の活性と，地域住民の生活を守るサービスの維持に向けて，次世代エアモビリティの活用が期待されている．実証を通した知の創造と，連携を通した知の構造化と展開が，行政において重要視され，積極的に試みられていることが見て取れる．

政府では，「空の産業革命ロードマップ」を掲げ，レベル4実現に向けて段階的な環境整備を行っている．また実装に向けては，国レベルだけでなく自治体レベルでのさまざまな取り組みが行われている．

各地域の特徴や課題にあった関連する事業の立ち上げと運営に試行錯誤が重ねられているが，事業を地域に根付かせるには，ドローンを活用する効果の追求や，活用を促進する人材の育成，効用に応じたリスクを受け入れる土壌づくりが必要である．

第3章 | 産業に活かすドローン

3.1 | 日本のドローン産業——歴史と課題

　日本初の産業用無人航空機に関する業界団体，日本産業用無人航空機協会（JUAV（一般社団法人日本産業用無人航空機工業会）の前身）[1]が発足したのは 2004 年のことである．そこでは，日本で運用される無人航空機，特に回転翼無人航空機や固定翼無人航空機の安全性向上が図られてきた．

　2010 年代には，スマートフォンの普及によるセンサー類の小型化，そして飛行制御技術の発展を背景に，ドローン（マルチローター型電動無人航空機，以下すべての無人航空機をドローンと称す）が普及した．このドローンの出現により，社会に「空の産業革命」への期待が急速に高まった．2014 年には JUIDA（一般社団法人日本 UAS 産業振興協議会）[2]が民間で設立され，「事業に関する不確実性を減らして産業を促進するには未整備であるドローン運用の安全性に関する環境整備に着手することが重要」と国に向けて発信した．JUIDA は，2015 年よりドローンの安全運用ガイドラインの作成や，操縦士および安全運航管理者の養成スクール認定制度の開始を行っている．

　このようななか，2015 年 4 月 22 日に首相官邸無人機落下事件が発生した．これを受け，ドローンに関わる法整備は国の課題として捉えられるようになった．といっても，これはドローンの危険性のみに目を向け，事故防止のために規制を設けようとするだけのものではなかった．国は，ドローンを産業化していくことの重要性も認識しており，2015 年 11 月には「未来投資に向けた官民対話」において，ドローン配送の実現のための制度整備に関して言

---

1) http://www.juav.org
2) https://uas-japan.org

表3.1　ドローンの機能

●空撮：機上のカメラにより，上空からの撮影，記録，伝送を行う
●投下：機体に搭載した物を，飛行中に放出する
●サンプリング：機体に搭載したセンサー類により，飛行中に空中の情報を取得する
●通信：機体に搭載した機器により，電波の中継等を行う
●輸送：機体に搭載した物を，飛行して輸送する

及した．また，同年12月には「小型無人機に関わる環境整備に向けた官民協議会」[3]が設立されている．

　政府が法整備に向けて動き出すなかで，民間でもドローン活用に向けての試みが相次いでなされている．農業や建築土木，人命救助，気象予報，流通，観光といったさまざまな分野で，表3.1のようなドローンの機能が活かされようとしている．もともと日本では他国と比較して，無人ガソリンヘリコプターの農薬散布への活用が早くから進んでおり，ドローンの活用も，農薬散布や建築現場での測量と定期的な撮影，災害現場の情報の取得，イベント会場でのドローンの群舞など多様である．

　活用が広がれば，使用する空域や電波を利用者間で安全で効率的に譲り合う仕組みが必要だということで，2016年にJUTM（一般社団法人総合研究奨励会日本無人機運行管理コンソーシアム）[4]が民間により設立された．そこでは，UTM（空域や電波を管理する運航管理システム）をはじめとする社会基盤整備の検討が行われている．

　このような民間団体の形成など，ドローン運用の安全性向上に向けた産業の協調も見られ，ドローンの環境整備や活用は進んでいるが，一方で2015年来実現が期待されているドローン配送はいまだ実証の域に達していない．本章では，これらドローン配送や災害時の活用など，日本のドローンのさらなる利用拡大を進めるうえでの直近の課題や，それに向けた民間の意識や取り組み・必要な仕組みを明らかにしていく．

　本節に続く3.2節では，日本でドローン配送が求められる背景と，実装を進めるための課題や取り組みについて紹介する．3.3節では，落下リスクを低減して安全性を確立し信頼の獲得を目指すドローン開発メーカーの取り組

3）https://www.kantei.go.jp/jp/singi/kogatamujinki/index.html
4）https://jutm.org

みを紹介する．3.4 節では，落下時の第三者への衝突という事態に備えたド
ローン用パラシュート開発の取り組みを紹介する．3.5 節では，昨今の航空
法改正で注目される第三者認証制度を紹介し，ドローンの機体認証・操縦ラ
イセンスに関する今後の課題と方向性について議論を行う．3.6 節では，災
害時でのドローン活用を促進するために行われている事業を紹介する．

3.2 | ドローン配送実現に向けて

3.2.1 物流クライシス

　周知のように，日本では物流分野における労働力不足が深刻な問題となっ
ている．2017 年に行われた調査によると，トラック運送を行う企業のうち
トラックドライバーの不足を訴える企業は約 6 割にのぼる[5]．さらに，貨物
輸送の小口化という問題もある．2015 年の貨物 1 件当たりの貨物量は，
1990 年の貨物量の約 4 割となるまで軽くなっているというデータがある．
物流件数の推移を見ても，0.1 トン未満の件数の増加傾向が見られ，配送の
非効率化あるいは配送の頻度が高まっている[6]．2020 年より拡大した新型コ
ロナウイルス感染症もこの状況に拍車をかけており，巣ごもり需要の増加等
を背景として，宅配便取扱個数は大幅な増加を続けている[7]．地方，都市を
問わず，生活の維持や質の向上を考えるうえで，こうした物流クライシスへ
の対応，物流の維持を真剣に考えていく必要がある．
　物流クライシスの解決策として，ドローン配送の実装が注目を集めている．
今後，運航の自動化技術が発展していくことで，物流分野での人手不足の問
題を解消できるのではないかという期待がある．また，低高度の空を活用す
ることで，地上よりも迅速に物を輸送できるだろうという点も，ドローン配
送を実現させる意欲を強める要因だ．政府は，物流を取り巻く諸課題への対
応のため，定期的に総合物流政策大綱をとりまとめ，これをもとに民間団体

5）https://www.mlit.go.jp/common/001258392.pdf
6）https://www.mlit.go.jp/common/001258392.pdf
7）https://www.smbc.co.jp/hojin/report/investigationlecture/resources/pdf/3_00_
　 CRSDReport105.pdf

や各省庁等と連携し，各種政策・施策を推し進めている[8]．そのなかに，"担い手にやさしい物流"の実現を目指す取り組みがあるが，特に"過疎地域におけるラストワンマイル配送の持続可能性の確保"の手段として，路線バス等を活用した貨客混載や道の駅等を拠点とした自動運転サービスと並び，ドローン配送にも期待がかけられている．

3.2.2　実装への課題——高い配送コスト

　前項で見た背景から，2016年頃より各地でドローン配送の実証実験が行われるようになった．楽天グループ株式会社（以下，楽天）では，2016年に千葉県のゴルフ場内においてドローン配送サービスを提供した．一般の顧客が利用できるという点で日本初の試みであった．サービス時にはユーザー体験を考慮し，注文から受け取りまで一気通貫したアプリケーションを提供したことが，他のドローン配送実証と一線を画す特徴である．

　以降，楽天ではドローン配送の実績を積み上げ（図 3.1），2020年には三重県志摩市の間崎島に向けたドローン配送の実証実験を行った．間崎島から6 km ほど離れた本土のマックスバリュ鵜方店と協力し，商品の梱包は店舗スタッフが担当し，ドローン運航は楽天が担当するという体制を取って将来の実装が意識された．また，楽天の提供するアプリケーションやカタログに店舗の商品を掲載することで注文の利便性も高めている．間崎島では高齢者が多いという事情を考慮し，ファクスでの注文も可能にするなど工夫も行った．実証実験に関わった住民からは「離島は年々不便になっていく一方だと思っていたが，30年ぶりに便利になったと感じられた．これは希望のともしびだ」との評価を受け，ドローン配送のニーズが再確認された．

　だが，実装に向けては課題もある．まだ1フライト当たりのコストが高く，いまのままでは採算が取れず事業として成り立たないのである．ドローン配送実現に向けての1つの大きな課題は，その事業性である．

　そこで楽天では，採算性のあるドローン配送のユースケースの1つとして，山小屋への物資輸送を実施した．実証実験の舞台となったのは長野県白馬村の山小屋である（図 3.2）．標高 2800 m の高地にある山小屋では，物資を得

8）https://www.mlit.go.jp/seisakutokatsu/freight/butsuryu03100.html

これまでの取り組み

図 3.1　楽天の物流ドローン実証の歩み（筆者作成）

図 3.2　山小屋で新鮮な魚が食べられる価値の提供

る手段はヘリコプター，もしくは数十 kg の荷物を背負っての 7 時間の登山しかない．この配送実験では，ドローンによる配送によって山小屋で鮮魚を食べることができるという新たな体験を提供することができた．

　このように，山小屋へのドローン配送の実証実験では，確かに価値を提供することができた．だが，コストの問題は未だ顕在している．コストの多くを占めるのは人件費である．2020 年に初めて行われた白馬村での実証実験

の場合は，10 人以上という大人数でドローンを運用していた．当時の安全確保の要件から，ドローンの目視内飛行が条件であったことが大きな理由だ．

　翌年の 2021 年に行った同実験では，運用体制をパイロットと運航管理者の 2 人体制にまで減らすことができた．これは，新しく開発した機体を使用したため安全性が増したことに加えて，補助者なしでの目視外飛行を行ったことによる．省人化された運用体制であれば，山小屋へのドローン配送には採算性が見えてくる．しかし，山小屋だけでなく先ほどの間崎島のような離島，過疎地等での日用品配送の事業化を実現するためには，1 人でドローン複数機を監視・管理できる体制やシステム開発・制度，さらに地元人材による運用体制が必要になると楽天は考えている．

3.2.3　求められる信頼性の高い機体

　先に述べたように，ドローンによって日用品を配送するサービスを実装するには，人件費を抑えられる運航体制を可能とする技術開発が必要だ．そして，機体や運航の信頼性確保も重要な課題である．2022 年現在，第三者の上空での飛行を意味するレベル 4 の実現に向けた環境整備が進められている．運航の信頼性をどの程度まで保証する制度が整備されるのか，動向を注視する必要がある．また，信頼に値する機体や運航に関わるサービスを提供できるメーカーが国内に育っているか，政府はしっかりと把握しなければならない．

　ドローンの開発を行うメーカーは，飛行可能距離の延伸や搭載する機能の向上といった点を重要なアピールポイントとして捉えている傾向があり，ドローン運航に対する安心や安全性については二の次となっている印象がある．運航の安全の責任を持つことになる楽天のようなドローン運用のオペレーターは，その機体の安全性を重視している．一般の人の上空を飛行するための認証がなされた機体だとしても，メーカーが安全性をどれほど意識しているのかという点が気がかりだ．今後，機体設計の手法を明示し，試験結果等の事実に基づいて安全性を立証するメーカーが増えることが期待されている．

　日本が世界に誇る自動車産業は，その安心・安全性，そして信頼性を強みとして発展してきた．ドローン開発を手掛けるメーカーもその流れを汲み，

機体の安全性を第1に置いて信頼を勝ち取ってほしい．そして，オペレーターが安心してドローンサービスを提供できる時代の到来が望まれる．

　また，ドローンの運用中の安全性に関しては別の課題もある．ドローンの飛行空域における他の有人航空機の飛行情報や，同空域を利用する関係者間での調整といった場面において，デジタルトランスフォーメーション（DX）が進んでいないのだ．もちろん，ドローンが主に運用される地上 150 m 以下という高度においては，通常であれば有人航空機の侵入はないとされている．しかし，侵入の可能性を否定することはできないため，両者の安全確保が果たされなければならない．これは，位置情報や動態管理の仕組みをデジタル化することで達成されると考えられている．

3.2.4　ドローン活用でスマートビレッジを目指す

　先に紹介した総合物流施策大綱においては"過疎地域におけるラストワンマイル配送の持続可能性の確保"が期待されている．確かに，ドローン配送の実現を考える際には，都市部ではなく地方部から始まると考えるのが一般的だ（図 3.3）．その理由の1つは，空を利用するドローンならではの特徴にある．地方の山間部で陸路で物資を輸送する場合，複雑に曲がる道路を利用しなければならないために必然的に走行距離が長くなってしまう．しかし，回り道をせずに山岳を越えて直線で移動できるドローンを利用できれば，かかる時間は圧倒的に短くなる．そのようなドローンの優位性への理解が深まることが，社会実装の進度を上げる支えになるのではないかと思われる．

　過疎地域での実装について，オペレーターやメーカーに主な責任があるのが，既に挙げたようにコストや信頼性確保という課題である．一方，他の事業者の協力が必要となるのが電波の課題だ．ドローンの目視外飛行を行ううえでは，常時遠隔監視ができることが重要であるが，離島，中山間エリア，山岳エリアは，概して電波が弱い傾向がある．電波を提供するキャリアにとっての採算性を考えれば仕方がないことともいえるが，今後の安全なドローン飛行の実現のためには，このままでは心もとない．

　ドローン配送の実装では，新たな雇用を生み，地方部での生活が便利なものになるという地方創生の効果が期待される．また，ドローンを皮切りとし

地方から始まる第三者上空飛行によるドローン配送

図 3.3　地方から始まる第三者上空飛行によるドローン配送（Goole Map より）

て電動のモビリティの導入が進むことは，日本の目指すカーボンニュートラルな社会実現という目標を追うことにもつながる．ドローン配送は日本にとって一挙両得に効果が得られる取り組みといえるのだ．このように長く将来を見据えたメリットも鑑みて，電波通信状況の改善を強く訴えたい．今後，通信事業者がドローン配送に関係する基地局設置をする際には，政府からの支援を受けられる仕組み等が導入されることが望ましい．

3.2.5　今後の取り組み

　2016 年より楽天が実績を積んできたドローン配送の実証実験は，利用者からの高い評価を受け，関係者にとっては大きな手応えを得られるものであった．そのため多くの事業者からの注目を集めたのは事実である．だが，ドローン配送事業への参入者の増加によって業界が盛り上がり，多くの研究開発費を獲得しているにもかかわらず，社会実装はいまだに進んでいるとはいえない．2022 年現在，私たちの上空をドローンが飛ぶ姿を見ることは少ないままなのだ．ドローン配送の取り組みがこのような状況にある理由は 3 点挙げることができる．

　まず，現段階では第三者上空飛行が原則禁止されていることだ．これにつ

いては，事業者からの進言を基にして，レベル4実現に向けて法改正が行われるなど，政府の主導によって改善されてきている．

2つ目の理由は信頼性である．機体の信頼性に着目するとメーカーに課題があると考えられがちであるが，しかしむしろ問題は産業構造にある．ドローン産業は，信頼性を上げるための試験や長期間の開発にコストをかけることができないベンチャー企業が中心となっている．ベンチャー企業では，信頼性試験のようにコストの高い二次的な取り組みには積極的になれない面がある．このような産業構造的な課題は，たとえば経済振興を志す何らかのファンドの参入のようなきっかけがあると解決に向かうのではないだろうか．

最後の理由は，国内でのドローン配送の実証実験を包括的に見る視点を持つことができていないことだ．実証実験が各地で数多く行われているにもかかわらず，得られた知見や結果を共有する場がなく，効率的に学べない状況にある．まずは業界全体を見渡し，さまざまなリスクよりも得られる利便性が勝るユースケースを探究する必要がある．そのうえで，ドローン配送に関わるプレーヤーやファンドといった関係者を参集して行動に移すという流れを作っていかなければならない．

3.3 　機体の信頼性の向上と認証制度

3.3.1　レベル4で求められる信頼性

ドローンの社会実装に向け，人とドローンの距離を縮めるレベル4の実現のための法整備が進んでおり，メーカーには安全で信頼性の高い機体の提供が求められている．

元来，無人ヘリコプターを含めてドローンの設計思想では，暴走を防ぐことが最重要とされてきた．エンジンを動力とするヘリコプターであれば，1時間という長時間の飛行も可能であるので，オペレーターの意図に反して暴走し，飛行を続けてしまった場合に備え，落下によって暴走を止める手段を設けている．これと同様の考え方に基づき，これまでのドローンの運用においては，落下危険エリアを設定して飛行空域下での人の立ち入りを禁止することとしていた．

だが，近年では技術の進歩により暴走の危険は非常に少なくなっている．無線が途絶える等の問題が発生しても暴走には至らず，一旦停止（ホバリング）して無線の復活を待つといったことも可能になっており，落下という選択を取る確率は低くなっている．このようにドローンの安全性が立証されるなかで，立ち入り禁止措置を必要としないレベル4の実現に向けて法整備が進んでいる．とはいえ，ドローンが空を飛行するものである以上，落下のリスクが存在しないわけではない．本節では，リスクをさらに低減して安全性を確立し，ドローン開発メーカーとして信頼を獲得するべく活動する企業の取り組みを紹介する．

3.3.2　無人エンジン・ヘリコプター（無人エンジン・ヘリ）の開発

ヤマハ発動機株式会社（以下，ヤマハ発動機）の無人機開発の歴史は長く，1983年の二重反転の無人エンジン・ヘリの開発に始まる．この無人エンジン・ヘリは，農業分野での利用を進める動きが出てきたことから，農林水産省の補助金を得て農薬散布用の機体開発が続けられてきた．

1997年に発表された機体であるRMAXは，顧客であるオペレーターの意見を取り入れ，ニーズに応える無人エンジン・ヘリとして開発されたという背景もあり，広く社会に普及した．その後もエンジン等に改良を重ね，Fazer，Fazer Rと製品を進化させている．

これらの製品はガソリンを利用するもので，農薬散布用途に最適化している．無線通信による飛行を基本としており，オペレーターのスキルを問わず操縦できるようにと，運航自動化のための機能が充実している．機体の最大積載量は35 kgであり，航続可能時間は1時間だ．電動ドローンと比較すると，無人エンジン・ヘリには圧倒的な搭載力と飛行時間がある．

無人エンジン・ヘリは，2000年に有珠山の火山観測を実施して以来，農業分野だけでなくさまざまな実証試験，調査・計測，撮影，防災関連用途で利用されている．特に災害支援の場においては，災害後の状況把握や物資の輸送といったさまざまな形で役立てられている．35 kgという積載量を活かし，発電機や通信機器，AEDといった重量のある物資を運ぶことも可能である．また，福島県においては福島第一原発事故後の放射線量モニタリング

を無人エンジン・ヘリを用いて行っている．空中の放射線量データが入手できるため，解析の精度の向上につながっている．

3.3.3　今後のドローンの行方

　ここで，エンジン・ヘリとドローン，シリーズハイブリッド（SHEV）のペイロード（積載量）と飛行距離の関係について確認しておこう．図3.4のグラフでは，横軸が飛行時間，縦軸がペイロードになっている．図の右上に位置するエンジン・ヘリについては，たとえば35kgの物資を搭載した状態で50分間の飛行が可能だ．グラフで示す通り，ペイロードを減らしガソリンを多く搭載すれば，さらに長時間の飛行が可能である．このような特徴のあるエンジン・ヘリは，農業分野や大型物流の場においての活用が見込まれる．

　一方で，電動ドローンにおけるペイロードと飛行距離の関係については，図の左下を見てほしい．グラフから確認できる通り，エンジン・ヘリに比べてカーブが大きなものとなっている．これは，少しでもペイロードを増やすと急激に飛行時間が短くなってしまうということを意味する．現段階ではこのような弱点のある電動ドローンだが，今後はバッテリーを改良していくことで課題を克服できると予想される．農業および小型物流，そしてインフラ点検等の分野を中心に，電動ドローンの活躍の場は広がっていくだろう．

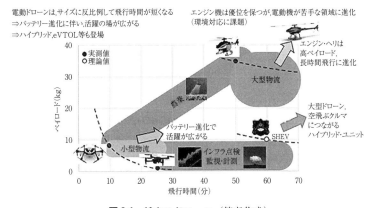

図3.4　将来のドローン（筆者作成）

空撮用ドローン
経産省補助事業
として共同開発
（2021年リリース）

農業用ドローン
農水省補助事業
として共同開発中
⇒物流ドローン等
の派生機も計画

農業用ドローン
（2019年発売）

安全安心な機体と利便性の高い技術体系

図 3.5　電動ドローンの開発（筆者作成）

　最後に図の右下に位置する SHEV だが，これはガソリン・ヘリのエンジンに発電機をつけたハイブリッドユニットだ．バッテリー単独方式に代わる電源ユニットとして，ヤマハ発動機が開発を進めている．将来，SHEV を大型ドローンや空飛ぶクルマに利用していきたいという展望がある．

　信頼性が高く，コストも抑えたドローンを開発していくには，まず農業用途のドローン生産において基盤をしっかりと構築することが最優先である．そして，その派生機として他の用途のドローンを開発するという形を取るのがよいだろう．

　この考えのもと，ヤマハ発動機では，2019 年に農業用の電動ドローンを発売した（図 3.5）．これからのスマート農業に適した農業ドローンの開発にも取り組んでいる．これは農林水産省の委託事業として行われているものであり，2021 年には国内 9 機関によるコンソーシアムも結成された．ヤマハ発動機は，このプロジェクトの派生機として，物流ドローン，計測ドローンの開発を計画している．空撮用ドローンの開発にも携わっており，経済産業省の委託事業として産業用ドローンメーカーの株式会社 ACSL と共同開発した機体が 2021 年 12 月にリリースされた．農業用途から他の用途へ発展させていくという流れに則った取り組みといえるだろう．

3.3.4 機体の認証

　改正航空法では，ある一定以上のリスクを持つ運用に関しては，認証を受けた機体の利用が求められることとなる．有人航空機の認証取得においては，開発する前に認証計画を提出する必要がある．そして機体開発，開発試験，認証試験まですべての過程において，メーカーと認証当局が緊密に情報を交換していくこととなる．

　一方，ドローンの場合は，このような開発前や開発中の相互のやり取りは少ない．まず運用概念（ConOps）を定義し，リスクアセスメントを行った状態で機体開発を行い，その後に認証計画を提出する．そして認証当局との合意が形成されれば，その開発試験の一部を認証当局の立ち会いのもとで認証試験として実施するという形が考えられる（図 3.6）．このプロセスに則ると，開発試験を既に終えた既存機や，改造された機体であっても，運用条件を決めたうえで認証試験を行うことで認証が得られるだろう．

　こうした認証の形は，米国で既に試みられている．FAA（米国連邦航空局）が検討している Durability & Reliability（D&R）という手順は，有人航空機のように設計段階から認証プロセスを検討していくというものではなく，実機を使って安全性を確認して認証を行うというものだ．ヤマハ発動機は米国にて，この D&R に近い形での認証に関わるやり取りを FAA とともに行

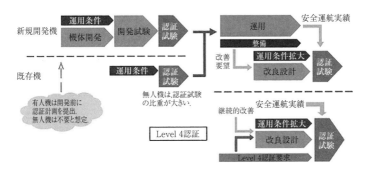

図 3.6　機体の認証

ってきた.

　ただし，D&R 形式の認証であれば完全だと考えることはできない. ヤマハ発動機が長きに亘りドローン開発に関わるなかでは，設計者の想定しない運用ケースに直面することもあった. 機体そのものに関するトラブルだけでなく，装備品・搭載品に関するトラブルが発生することもある. そのため，設計者と認証当局の合意のもとで実施される D&R 形式の認証によって，機体の運用のスタートラインに立つことができたとしても，その後にはさまざまな不具合，トラブルが発生する可能性が捨てきれない.

　機体を運用するなかでの重大な事故等につながりかねないヒヤリハット（ヒヤリとしたり，ハッとしたりする事故寸前の出来事）体験を分析し，今後の機体の開発に活かしていくことが大切だ. そして，D&R のプロセス自体の改善も重ねていくことができるよう，ドローン産業の関係者全体が協力していかなければならない. 継続的に改善を行い，実績を積み上げることが重要だと考えられる.

3.3.5　実績と改良の積み重ね

　ヤマハ発動機では，安全運航を積み重ね，信頼を獲得していくことの重要性を意識し，レベル4が実現して実際に自分の家の上空を大きなドローンが飛ぶようになった場合も想定して開発を行っている. ドローンが自由に飛び交う社会の実現に向けて，大型ドローンの開発と認証取得による貢献を目指している. まずは，既に実績のある農薬散布ドローンおよび汎用ドローンの安全な運用についての情報を広く周知していきたいと考えている. また，立ち入り管理措置を行うレベル3でのドローン配送にも積極的に取り組み，レベル4の実現に備え，認証要求に基づいた機体の開発や改良を進めていく予定である. このような取り組みを組み合わせることで，社会受容性を高めてドローンが自由に飛び交う社会の実装につなげていきたい.

3.4 ┃ 落下対策

3.4.1　ドローンの持つ第三者安全リスク

　ドローンの運航にはさまざまなリスクが伴う．最大のリスクは，対人および対物の衝突だ．また，ドローン自体の損壊の恐れもあり，その場合はドローンに積載された燃料や高容量の電池が落下し，衝撃を受けて発火に至る可能性もある．これらは直接的な事故の被害だが，事故後には賠償の問題や，ドローン運用に対する信用の低下といったリスクも抱えている．ドローンを普及させていくためには，こうしたリスクを克服する必要がある．

　ここでは，ドローンの持つ第三者安全リスクを低減させるための事業を行う日本化薬の取り組みを紹介する．日本化薬では，以前から自動車用の安全装置の開発を行ってきた．エアバッグを膨らますためのガスを発生させるインフレーターや，衝突時にシートベルトを巻き取る部品の駆動源として使用するマイクロガスジェネレーターなどである．これらは，衝撃を素早く検知し，火薬を用いて瞬時にガスを発生させるものだ．この技術を活かし，日本化薬ではドローン用のパラシュートの開発に乗り出し，2021 年 12 月には最初の製品「PARASAFE PS CA12-01」（以下 PARASAFE）を発売した．

3.4.2　ドローンのパラシュート「PARASAFE」とその製品保証

　PARASAFE は，不慮の事故に備えてドローンに積載する製品である．落下が起きた場合，火薬の力でパラシュートが発射され，落下する速度の低下と着地の際の衝撃を和らげる機能がある．この火薬は少量であっても大きな出力が可能であり，また瞬時に起動できるという利点があるため，$12\,\mathrm{m}^2$ と大きなサイズのパラシュートの発射に有効である（図 3.7）．

　現在，日本化薬が生産している PARASAFE は，ドローン本体と積載物の総重量が 25 kg のものまで対応できる．ドローンに積載する製品であるため，小型化と生地や部材の軽量化に注力してきた．PARASAFE 本体の重さは 1 kg であり，正常に機能できる最低高度は 30 m である．25 kg の総重量

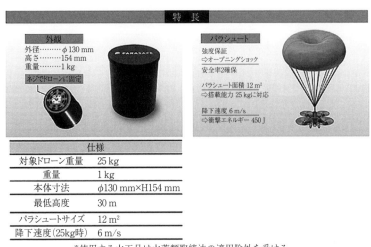

図 3.7　PARASAFE

のドローンが落下した場合, 降下速度は秒速6mに抑えることができる. また, パラシュートが開く際には, ドローンの重量が大きいほどパラシュート本体に衝撃（オープニングショック）がかかる. PARASAFE には, 最大総重量である25kgのドローンの落下の場合であっても, オープニングショックを受けた際のパラシュートの破損を防ぐ強度設計がなされている. 強度や安全性に関しては, 試験を通して確認を行っている. たとえば, PARASAFE を積載したドローンの全電源を停止して強制的に落下させ, ドローンとは独立電源で制御するパラシュートを手動で開くといった内容だ.

　パラシュートの開発において問題となったのは, ドローン向けの製品としての基準を新たに考えなければならない点だった. 強度や信頼性の検証方法については, 日本化薬が生産する自動車安全部品の検証方法を踏襲していくことができた. 一方, 製品のスペックを考えるにあたり, どのような条件の下で設計を進めるのかという点は議論を要した. 現在, 日本化薬では, 国際規格として工業規格を発行する ASTM International の F3322-18[9]に従うこととしている. この規格は, ドローンの展開式パラシュートに関する設計・製造・試験の要件を定義している.

---

9) https://www.astm.org/f3322-18.html

3.4.3 ドローンへのパラシュート統合の標準規格

ASTM F3322-18 という標準規格の認証は，要件を満たしたパラシュート安全装置を搭載したドローンに対して行われる．FAA（米国連邦航空局）が初めて人口密集地域での飛行許可を出したドローンは，F3322 を認証された機体である．もちろんこの飛行許可の理由は，要件を満たすパラシュートの搭載有無だけにあるのではない．パラシュートを含めた機体の安全性や，運用体制の信頼性を包括的に評価して許可が出されている．日本化薬ではこの点を深く受け止めたうえで，ドローンメーカーと協力してパラシュートの開発を進めている．

開発の流れとしては，まずターゲットとするドローンを設定し，社内でパラシュートの設計・製造を行う．そして，ドローン開発を行うメーカーでドローンとパラシュートを統合し，パラシュートを搭載した機体での試験を実行する．試験では，想定される故障のシナリオを5つ設定し，それぞれについてテストを行う．5つのシナリオとは以下の内容である．

1. ホバリング状態のドローンのプロペラ駆動系の全電源が停止し落下
2. 安定飛行が不可能になる数の隣接プロペラを停止
3. 前進飛行中にプロペラ駆動系の全電源が停止して落下
4. 前進飛行中に安定飛行が不可能になる数の隣接プロペラを停止
5. 3秒間の自由落下（過負荷がかかる）

それぞれのシナリオについてのテストは複数の条件下で繰り返される．たとえばパラシュートの手動展開と自動展開，ドローンに最大または最小量の物資を搭載する場合といった条件が設定されているため，合計して50回程度のテストが重ねられる．こうした試験は第三者試験機関の立ち合いのもとで行われ，全試験でパラシュートが正常に作動した場合に F3322 を満たすとの認証を受けることができる．認証に際しては，ドローン運航者，所有者に提供されるパラシュートマニュアルや，構成部品，アセンブリ，製造を定義する技術データなどの整備が求められる．現段階では，ドローンメーカーの DJI JAPAN 株式会社が作っている M300 等の機体に向けたパラシュート

デバイスを複数のメーカーが開発，販売しており，認証を受けている．日本
化薬では，最大総重量が 9 kg の M300 よりも大型の専用機体に対して認証
を受けることを目指している．

3.4.4 ドローンとパラシュートの今後

　ドローンの制御システムが進化する現在，考えるべきはパラシュートをど
のような位置づけでシステムに統合させるのかということだ．ドローンの自
律飛行を目指すに当たり，パラシュートがフライトコントローラーに対して
優位に立つのか，もしくは補助的なものとしてあるのかについて考えなけれ
ばならない．当然ながら，フライトコントローラーが機能不全に陥ってしま
った場合でもパラシュートは機能しなければならない．だが，フライトコン
トローラーよりも常に優先されるものとしてよいのかという点には議論の余
地がある．

　また，パラシュートには解決すべき課題もある．それは，パラシュートは
風に流されやすいという弱点だ．縦方向の落下速度を制限できるパラシュー
トだが，強風の中では横方向の力が加わるため，結果的に強い衝撃で人や物
に当たってしまう可能性がある．落下地点がどこになるか予想できないとい
うこともリスクになる．解決策として，異常が起きた場合に，ある程度の高
度まで落下させてからパラシュートを開かせる仕組みや，指定した落下地点
へ誘導する仕組みの導入が考えられる．そのような技術の開発のための努力
が必要だ．

　同時に，パラシュートの有効性の実証をさらに行っていきたいと日本化薬
は考えている．まずは，パラシュートをつけた状態のドローンが落下した場
合，その衝撃値はどれほどのものかについて，試験規格に基づいて確かなデ
ータを取得したい．また，ドローンの利用シーンに合った信頼性の高い製品
を供給するためには，安全基準を満たす設計，製造，品質管理を行うことも
重要である．日本化薬の自動車安全部品は，IATF という自動車部品共通の
品質マニュアルで生産している．だが，今後はパラシュート開発も含め，航
空機向けの JIS Q9100 といったドローンの要求に沿った品質管理基準に則っ
た製造が必要になるのではないかと考えられる．

3.5 │ 第三者認証制度の導入

3.5.1 航空法改正の背景と概要

　日本では少子高齢化，過疎化，働き手不足などの課題に直面しており，ドローンは，このような社会課題を解決するために必要不可欠な「社会インフラ」としての役割が期待されている．

　2021 年 6 月に改正される以前の航空法では，地上の人・物件や他の航空機の運航にとってリスクの高い空域や方法でのドローンの飛行が原則として禁止され，このような空域や方法で飛行させる場合には，飛行ごとに国土交通省の許可・承認を受けなければならないこととされている．この制度は，かつてドローンの墜落事案など，事故やトラブルが相次ぎ社会問題化したことを受けて，安全を確保するために緊急措置的に 2015 年に設けられたものである．飛行の許可・承認制度の導入以降，日本ではドローンによる第三者や他の航空機に危害を及ぼす事案はほとんど発生しておらず，この制度が有効に機能していると評価できる．しかしながら，今後，更にドローンの利活用が急激に進展することが予想され，解決されるべき課題が 2 つある．

　第 1 に，有人地帯（第三者上空）での補助者なし目視外飛行，いわゆるレベル 4 は，従来の飛行の許可・承認制度では認められていないものである．このような運用は，ドローン配送など物流への本格活用のためには不可欠な飛行形態だが，万一の際には飛行経路下の人・物件に重大な危害を及ぼしかねないなど，さまざまなリスクが想定される．このため，ドローンが「社会的に信頼されるモビリティ」として受け入れられるように安全性をより厳格に担保する仕組みが必要である．

　第 2 に，従来の飛行の許可・承認制度で認められている飛行形態に関しても今後の更なる利活用の進展を踏まえた持続可能な規制にしていく必要があるということである．つまり，飛行の許可・承認の申請件数は，制度発足当時の年間 1 万 3500 件から 2020 年には 6 万件超と既に約 5 倍に膨れ上がっており，今後 5 年で国内ドローン市場がさらに約 3 〜 4 倍拡大すると予測されていることを踏まえれば，飛行の許可・承認手続きを簡略化しつつ，必要な

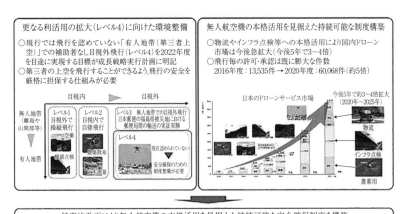

図 3.8　ドローンに関する航空法改正の背景

出典：第 11 回「小型無人機に関する関係府省庁連絡会議」資料

飛行の安全確保を確実に担保できる制度にしていくことが求められる.

　このような課題を踏まえて, 2019 年および 2020 年に航空法を順次改正し, ①ドローンの登録制度, ②機体認証制度, ③操縦ライセンス制度が創設され, 2022 年中に施行されることとなった（図 3.8）. これはすなわち, 自動車でいうところの「自動車登録（ナンバープレート）」「自動車検査証（車検）」「運転免許証」に相当する. この登録制度により外形上所有者を特定することが困難な「ドローンを識別」し, 機体認証と操縦ライセンスにより「使用するドローンの信頼性」と「操縦する者の技能」をあらかじめ担保することが可能となる. 新制度に基づく規制の概要は,

①レベル 4 など, 従来の飛行の許可・承認制度では認められなかった高リスクな飛行（第三者上空）に関しては, 機体認証（第一種）及び操縦ライセンス（一等）の取得を義務付け, さらに運航管理体制について国土交通省の審査を受け許可・承認を受けることで可能に

②従来の飛行の許可・承認制度で認められていた飛行（立入管理区域）については, 機体認証（第二種）及び操縦ライセンス（二等）を取得していれば, 原則として飛行の許可・承認を受けなくても可能に

するものである．このうち機体認証と操縦ライセンスに関しては民間活用を図ることとしており，国土交通省の登録・指定を受けた民間機関（登録検査機関および指定試験機関）により機体検査やライセンス試験を実施可能としている．

新制度の導入により，ドローンはその飛行の厳格な安全性が担保される．そして，特例的に許可・承認を受けて飛行させる「特殊なモビリティ」から，自動車，船舶，航空機などと同様な「社会的に信頼されるモビリティ」として位置付けられることとなり，その本格活用が可能な環境が整備されることが期待される．

新制度の施行に向けて，現在，国で詳細な制度設計の検討が進められており，ClassNK（一般財団法人日本海事協会）が船舶をはじめとする豊富な第三者認証の知見・経験を活かし，その検討に協力している．

本節では，船舶での先行事例として ClassNK が船級協会として携わる第三者認証（船級）を紹介し，第三者認証の観点からドローンの機体認証・操縦ライセンスに関する今後の課題と方向性について考察する．

3.5.2 ClassNK が携わる船舶における第三者認証（船級）等

ClassNK は，120 年以上の歴史にわたり，中立な第三者の立場から船舶の安全確保・環境保全のための規則制定と検査を担う国際認証機関（船級協会）であり，規則に適合した船舶に対し「船級」を付与してきた．ClassNK の船級を有する船舶の隻数は 9000 隻以上で，船級を付与した隻数において世界最大の船級協会である（Clarkson Research 統計（2021 年末現在））．

船級は，18 世紀半ばの英国で開始された海上保険を適用する際の船舶の等級付け（Classification）を起源としている．海上保険を巡っては，保険業者は適正な保険料率を算定するための技術的な知見を必要とし，船舶所有者は可能な限り低廉な保険料率の適用を希望し，また，造船業者も可能な限り製造コストを抑えたいと考えるなど，ステークホルダー同士の利害が対立する関係となる．このため，保険業者，船舶所有者，造船業者のいずれからも独立した第三者としての公平な技術的判断を担う組織による検査が求められることとなった．このようなニーズから誕生したのが船級協会である．船級

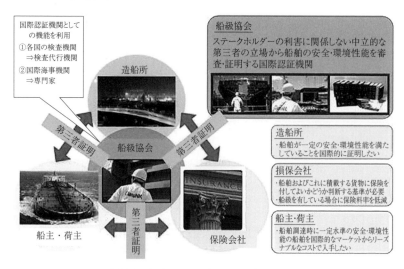

図 3.9　船舶における第三者認証の仕組み

は国際的な第三者認証の仕組みの原型ともいわれており，現在でも，保険会社の業界団体は，海上保険引受の条件の 1 つとして，世界の主要な船級協会で構成される国際船級協会連合（IACS）のメンバーの船級を有することを求めている（図 3.9）．第三者認証を適確に実施し，それを有効に活用することによって，船舶の社会的な信頼が担保され，海運業の発展に寄与することとなる．

　ClassNK は，国際船級協会として広く信頼されており，国際条約に基づいて船舶の船籍国（旗国）が実施すべき検査および証書発行の代行権限を100 ヵ国以上から取得している．また，国際機関に高度な知見を提供するなど基準検討にも貢献している．

　ClassNK は，第三者認証機関としての長年の知見と経験を活かし，船舶にとどまらず幅広い分野の第三者認証サービスを提供している．たとえば，国際規格に基づくマネジメントシステム認証（ISO9001（品質マネジメントシステム）認証，ISO14001（環境マネジメントシステム）認証など），温室効果ガス（GHG）排出量検証（国際航空分野における ICAO CORCIA など），再生可能エネルギー関連設備に係る認証（風車型式認証等），トラック・バ

表 3.2 ClassNK が行う主な第三者認証

スキーム	制度	実施根拠
船舶検査	船舶安全法・海防法等 各国の規制，国際条約	船舶安全法第 8 条 「みなし」機関等
製品認証	風力発電 IEC64011 シリーズ等	ISO/IEC17065 による認定 （JAB 認定）
マネジメントシステム認証	ISO9001 ISO14001 等	ISO/IEC17021 による認定 （JAB 認定）
GHG 検証	ISO14064 等	ISO/IEC14065 による認定 （JAB および DAKKS 認定）
特定技能試験	出入国管理法 および難民認定法	5 省庁による運用要領に基づく指定
Marine Warranty Survey （洋上工事）	損害保険適用	Coden, Swiss-RE 等の 再保険会社からの認定
自動車運転職場の 働きやすい職場認証	国土交通省自動車局	国土交通省からの 認証実施団体の指定・契約
プライベート認証 （ClassNK ブランドで認証）	未発行の条約検査 サイバーセキュリティマネジ メントシステム認証 バイオセーフティマネジメン トシステム認証	ClassNK ガイドライン

JAB：日本適合性認定協会.
DAKKS：Deutsche Akkreditierungsstelle（ドイツ認定評議会）.

ス・タクシーの事業者に対する運転者職場環境良好度認証（働きやすい職場認証）などを実施し，それぞれの分野のビジネスをサポートしている（表3.2）.

3.5.3 ドローンの機体認証・操縦ライセンスの今後の課題・方向性

航空法改正に基づく新制度では，機体認証・操縦ライセンスを導入し，このための機体検査・ライセンス試験は国土交通省の登録・指定を受けた民間機関（登録検査機関および指定試験機関）を活用することとしている．今後，レベル 4 など高リスクな第三者上空の飛行を解禁しドローンの本格活用を進めるためには，ドローンの運航に直接的な関係を有していない者にとっても受け入れが可能となるよう，ドローンの社会的な信頼を担保することが不可欠である．このためには，機体認証・操縦ライセンスの検査・試験は，ドローンメーカーや運航者などのステークホルダーから独立した第三者が公平か

つ中立な立場で適確に実施することが最低限必要となる.

　一方で，ドローンは，自動車，船舶，航空機などの既存のモビリティと比較して，その形状・設計・活用技術や運航形態（手動・自動・自律・複数機同時飛行など）が多種多様であり，今後さらなる技術進展により，その傾向が加速される可能性がある．このため，その認証に必要な安全基準や認証プロセス（検査・試験方法）などを一律に定めることは困難であり，個々のドローンで想定される運航リスクに応じて可能な限りきめ細かく設定していくことが求められることとなる．このような背景のもと，欧米では，航空当局が設定する安全基準については，さまざまな技術に柔軟に対応できるよう，達成すべき運航上の性能を要件とし，具体的な機器等を限定しない「性能準拠要件（Performance-based Regulations）」を導入している．また，この基準に対応した具体的な認証方法については，民間が航空当局と緊密に連携し，個々の技術や運航リスクに応じて規格化を進めている．

　日本では，2022年度中に実現を目指すレベル4は，まずは過疎地や山間部などの地方での実装から始めることが想定されており，その実績を積み重ねながら段階的に都市部への実装など更に高リスクな運航へと利用が拡大していくものとされている．このため，新制度の運用開始後においても，機体認証・操縦ライセンス制度に必要な詳細な安全基準や認証プロセスについても，利活用の拡大や技術進展等の状況に応じて不断の見直しが不可欠であり，欧米と同様に基準化・規格化を官民が緊密に連携して進める動きを加速していく必要があると考えられている．

　このような基準化・規格化等を進める動きを支えるためには，官民ともに人材育成・仕組みづくりに取り組む必要があるのではないだろうか．特に，ドローンで活用される自動・自律化，電動化，遠隔監視，セキュリティ確保などの技術は，将来的には陸・海・空のすべてのモビリティにも活用されるものと考えられ，各モビリティ間の「垣根」がなくなり，陸・海・空の移動がつながりシームレス化が進むと期待される．このため，他の有人のモビリティに比べてリスクの低いドローンから先端技術の実装に取り組むことにより培われた人材・仕組みは他の分野にも広がりを持つことができ，先行投資という観点で意義深いものになるだろう．

　ClassNKは，第三者認証機関として培った知見と経験を活かし，ドロー

ンの更なる利活用の拡大に向けた環境整備のために引き続き貢献していくことが期待されている.

3.6 災害時対応に耐える信頼性を目指して

3.6.1 ドローンによる災害対応

　災害時の被害状況把握において,ドローンによる空撮は非常に有効な手段の1つである.2019 年の台風 15 号による被害,2021 年の熱海での土砂災害の状況確認のための空撮にドローンが活用されたことは記憶に新しい.

　2020 年に開催された「第 14 回小型無人機に係る環境整備に向けた官民協議会」においては,ドローンの社会実装を行ううえでの重点分野の1つとして災害対応が挙げられた.自治体での実際の運用を想定したガイドラインの整備や訓練の必要性が重要視されている[10].また同年,総務省消防庁が全国政令市にドローンを配備し,ドローン運用アドバイザー育成事業の展開を開始した.同 2020 年の防災基本計画修正においても,迅速かつ円滑な災害応急対策,災害復旧・復興への備えとして,地方公共団体や指定公共機関におけるドローン導入の必要性が言及されている[11].また,2021 年に発表された成長戦略フォローアップ工程表においても,ドローンの災害時の運用ガイドラインの整備の項目が記載されている[12].

　災害時のドローン活用を進める動きがある一方,多数のドローンが同時に飛行することの安全上の懸念も持ち上がっている.実際に災害現場でドローンを操作したオペレーターからは,ドローン同士が衝突しそうになる場面があったことが報告されている.飛行の順番についても不明確であり,危険を感じるものだったとのことだ.2020 年の防災基本計画修正では,従来の航空機に加え,ドローンの空域調整と電波調整を災害対策本部にて行うことが必要だと指摘されている[13].

---

10) https://www.kantei.go.jp/jp/singi/kogatamujinki/kanminkyougi_dai14/siryou7.pdf

11) http://www.bousai.go.jp/taisaku/keikaku/pdf/kihon_basicplan.pdf

12) https://www.cas.go.jp/jp/seisaku/seicho/pdf/kouteihyou2021.pdf

13) http://www.bousai.go.jp/taisaku/keikaku/pdf/kihon_basicplan.pdf

前節までで，平時でのドローン活用，特にドローン配送の実現に向けた議論を行ってきたが，以下では災害時でのドローン活用を促進するために行われている事業を2つ紹介する．一方は，災害時の安全で効率的なドローンの活用を目指して，JUTM（一般社団法人総合研究機構日本無人機運行管理コンソーシアム）が行っている取り組みだ（3.6.2項）．これは福島ロボットテストフィールドの事業として行われており，航空運用調整ガイドラインを策定するというものである．もう一方は，ブルーイノベーション株式会社が取り組む災害用ドローン物流総合支援システム開発である（3.6.3項）．これは災害時に迅速な活用を支援する自動システムの開発を目指すもので，国土交通省の交通運輸技術開発推進制度のなかで行われている．

3.6.2　航空運用調整ガイドラインと実証実験

2021年，福島ロボットテストフィールドは「災害時ドローン活用促進に向けた調査および航空運用調整等ガイドライン・教育訓練カリキュラム作成事業」を立ち上げた．ここで採択されたのが，JUTM の提案である．

JUTM では，「消防防災分野における無人航空機の活用の手引き」[14]や，徳島県[15]や静岡県[16]の防災計画を参考に，航空運用調整ガイドラインを作成している．国，地方公共団体，指定公共機関等が災害現場でドローンを安全かつ効果的に運用するため，災害対策本部に設置される航空運用調整班が空域や電波の調整を行うというものだ．災害時のドローン活用を本格的に導入するため，2021年11月には，有識者との机上で議論されたガイドラインの整合性を確認し，課題を把握するために実証実験を行った．

実証実験では，福島県沖での地震の発生が想定された．発災直後より2時間，避難誘導や状況把握を目的に9機のドローン（うち3機は実機，6機は仮想機），1機の有人航空機（ヘリコプター／仮想機）が飛行するというものだ．この状況下での空域，電波の調整を航空運用調整班がガイドラインに沿って行い，適切に運用できるか確認された．

---

14) https://www.fdma.go.jp/laws/tutatsu/items/tuchi3001/pdf/300130_syo13.pdf

15) https://anshin.pref.tokushima.jp/docs/2016121900011/files/katudoukeikaku.pdf

16) http://www.pref.shizuoka.jp/bousai/seisaku/documents/01_bosaiplan_kyotsu.pdf

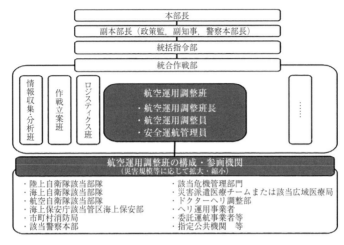

図 3.10 航空運用調整班の体制（案）

　有事の際には通常，都道府県知事の下に災害対策本部が立ち上がる．今回の実証実験は，そこに設置された航空運用調整班の動きをクローズアップするものだ．航空運用調整班のメンバーには自衛隊や海上保安庁，警察，消防局等からの連絡員が参画（図3.10）し，航空運用調整を行っていく．

　航空運用調整班の目的は，有人航空機とドローンの安全かつ効率的な運用である．各航空機に対し，飛行できるエリアを柔軟に割り振っていかなければならない．ガイドラインでは，優先的に飛行させるドローンを事前に定めておくべきだとされている．今回の実証においては，第1に人命救助に資するものを優先し，第2に避難地域の監視や緊急点検など民生の安定活動を行うものを優先させること（表3.3）とした．また，同じ空域でのドローンの飛行リクエストが重複した場合には，航空運用調整会議を開き，合議制で調整を行う．航空運用調整を行うにあたり，多くのドローンを管理するには煩雑な作業が伴う．そのため，福島ロボットテストフィールドに導入されているUTM（ドローン運航管理システム）を使い，調整の可視化・電子化を図って効率化することも実験の範囲とした（図3.11）．

　実証後に評価者より，高度なスキルを要する航空運用調整を行う人材の育成に関して問題提起がなされた．この人材育成の課題に対して，福島ロボットテストフィールドおよびJUTMは，航空運用調整に関する教育訓練カリ

表 3.3　飛行調整優先順位の例（関係者で事前に合意しておく）

第1優先	【人命救助活動】 • 警察・消防・自衛隊・自治体などが実施する災害現場における人命救助など各種活動支援 • 被災地域における医薬品・医療機器等輸送
第2優先	【民生の安定活動】 • TEC-FORCE の活動 • 被災地域における D-MAT 等による医薬品・医療機器等の輸送 • 避難地域の監視 • 指定公共機関の緊急点検（電力・道路・鉄道・通信・ガス・水道 等）など
第3優先	• 被災地域における通信中継 • 被災地域における食料等の緊急輸送 • 被災状況に係る報道
第4優先	• 通常業務におけるインフラ点検，建設，空撮，測量，環境，農林水産などの一般用途

指揮所訓練では，UTMを活用し，UTMの有効性を確認

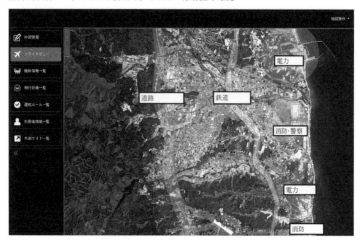

図 3.11　運用調整の支援として UTM の有効性も検証

キュラムの策定を検討しており，実現に至れば課題解決の一助となると考えられている．

　この実証実験の結果は，福島ロボットテストフィールドを通して公開される．今後，結果を反映した航空運用調整ガイドラインも公開される予定であり，災害時の複数のドローン運航に役立てられるだろう．

3.6.3 災害ドローンポートと実証実験

　災害対策本部では，発災直後速やかに地域住民の安否や避難状況を把握することが求められる．また，避難所のニーズに応じて医薬品や通信機器といった支援物資の輸送体制を構築する必要もある．災害時に安定したドローン輸送を行うためには，前節でも述べた通り他の航空機との空域や電波の調整が必要である．そして，離発着や飛行の自動化を進めていくことも重要だ．国土交通省では，交通運輸分野における政策課題の解決を目指すため，「交通運輸技術開発推進制度」を設けて技術開発を推進している．2020年度には，この制度の災害用ドローン物流総合支援システムの開発の分野において，ブルーイノベーション株式会社（以下，ブルーイノベーション）の提案が採用された．

　この提案は，複数の災害対応機関が必要な物資需要の情報を共有するためのソフトウェアを開発し，ドローンによる安全かつ迅速な支援物資輸送の実現につなげようとするものだ．通信機能を備えた持ち運び可能な「災害用ドローンポート」を現場に配置することで，自律的に位置情報が災害対策本部に送信される．そしてスマートフォン等で必要な物資を要請すると，即座に物資輸送拠点からドローンで荷物が配送されるというコンセプトである．図3.12，図3.13に，提案の背景およびシステム構成図を示した．

　2021年3月，大分県日田市中津江村にて，大規模豪雨によって道路が寸断され，陸路での物資輸送が不可能となった状況を想定した可搬式の「災害用ドローンポート」の実証実験が行われた．住民の避難場所に可搬式の災害用ドローンポートを設置して，ドローンポートから発信される位置座標により救援が必要な避難場所の位置情報が把握，共有できるようにした（図3.14）．そして，災害対策本部への必要物資の要請や，ドローンの離発着および物資配送までの一連のオペレーションを運行管理システムで行った（図3.15）．物資輸送後には，実際の医師による遠隔診断も行い，避難所でのケアまで視野に入れた検証を実証実験にて実施した．

　実証実験に参加した現地の住民からは，本システムができあがることにより住民の安心・安全が増えると評価を受けた．評価委員からは，一般人でも簡単に組み立て，設置が可能な設計を考案していく必要があると指摘があっ

災害発生時の大きな課題である住民への安定的な必要物資の供給を実現するため，災害時のドローン物流を総合的に支援する連携システムの研究を行う．

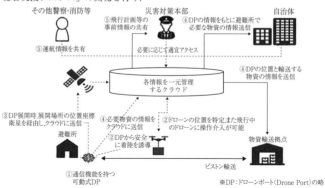

災害時物流の課題	本研究の目的
道路の寸断や被災による物資輸送事業者の不足が原因で安定した物資供給が行えない場合がある．	ドローンによる上空での自律輸送により災害時でも安定した物資供給が可能になる．

被災による輸送人員の不足

道路の寸断

自動飛行による安定的な物資供給

ドローンポート

避難所　　　　　　物資輸送拠点　　　　避難所　　　　　　物資輸送拠点

図 3.12　「災害用ドローンポート」研究の背景と目的

本事業では，災害時に，避難所の需要を迅速に共有でき，その結果に基づいてドローンで迅速かつ確実に物資を輸送することができる「災害時ドローン物流総合支援システム」の開発を行う．

その他警察・消防等　　　災害対策本部　　　　　自治体

⑤飛行計画等の事前情報の共有
④DPの情報をもとに避難所で必要な物資の情報送信
⑤運航情報を共有

必要に応じて適宜アクセス

各情報を一元管理するクラウド

④DPの位置と輸送する物資の情報を送信

③DP展開時，展開場所の位置座標衛星を経由し，クラウドに送信
①必要物資の情報をクラウドに送信
②ドローンの位置を特定，また飛行中のドローンに操作介入が可能

避難所
②DPから安全に着陸を誘導
①通信機能を持つ可動式DP

物資輸送拠点

ピストン輸送

※DP：ドローンポート(Drone Port)の略

図 3.13　「災害用ドローンポート」システム構成図

た．また，画面インタフェースについても一般人が理解し，簡易に使用できるよう改良が必要であると指摘がなされた．これらの課題に関して，ブルーイノベーションではさまざまな場所での実証実験を通し，ユーザーからのフィードバックを取り入れて改良を続けている．

　また，現在，航空機および宇宙機の空港インフラストラクチャに関わる国際標準化機構の1ワーキンググループである ISO/TC20/SC17/WG1（日本

図 3.14 被災想定地での「災害用ドローンポート」設置風景

図 3.15 「災害用ドローンポート」システム運行画面

が議長）にて，電動貨物無人航空機システムの垂直離着陸機のためのインフ
ラストラクチャと設備についての規格化が議論されている．ここで紹介した
ドローンポートのシステムを提案しているところだ．こうしたシステムの標
準化は，安全・安心なドローンの離発着場であるドローンポートの整備と，
平時・災害時におけるドローン物流のさらなる展開にとって重要である．

3.6.4　災害時のドローン活用の課題

　現在の日本では，災害時のドローン活用に向けて多方面からのアプローチがなされている．国の政策としてもその必要性が認められており，各種事業を通じてガイドラインの策定や研究開発が進められている状況である．

　しかし，災害時のドローン活用を推進するには課題もある．たとえば，ドローンの空撮によって得られた映像の共有にはセキュリティ面での障壁が存在する．災害時のドローンの運用は，操作に慣れているオペレーターの協力を請うのが望ましい．しかし，映像を共有しようとする場合，民間人が災害対策本部のクラウドネットワークに接続してもよいのかといったセキュリティの問題が発生するのだ．また，オペレーターはドローン運用のために被災地付近に向かわなければならない．オペレーター本人の安全を守るためにも，災害時の心得を事前に共有し，準備を整える必要がある．消防団のような組織を設定し，平時から災害時に備えたドローン運用のトレーニングを行うことが求められることになりそうだ．訓練だけでなく，消防，基幹病院，ドクターヘリ等と連携できる体制の構築も検討するべきだろう．

　JUTM の実証実験では，運用調整において，災害時においても UTM が運用調整に有効であることが示されている．だが，各地域に UTM を整備するにはコストの問題がある．誰がこの費用を払うのか検討していく必要があるだろう．道路や信号といったインフラの整備・維持には，自動車の利用者の納める自動車税が使用されている．ドローン関連の財源としては機体の登録費用を挙げることができるものの，これはインフラを整備・維持できる規模のものではない．いかにして UTM 整備のための財源を確保するか考えなければならない．

　同様にブルーイノベーションの実証実験でも，災害時の緊急支援物資を必要とする位置の把握や安全な荷物の受け渡しにドローンポートが有効であることが示されたが，各地域への整備についてコスト面の検討が必要となる．その課題がクリアできた際には，将来的にドローンポートシステムが全国に配備されることにより，平時にはさまざまなドローン物流事業者が共用で，災害時には特定の支援部隊がドローンポートシステムを使用することが可能となる．

3.7 まとめ

　スマートフォンのアプリを介して容易に飛行させることのできるドローンが，カメラと変わらない低価格で家電量販店で手に入るようになって久しい．しかし，"過疎地域におけるラストワンマイル配送の持続可能性の確保" など 2015 年以来実現が期待されているドローン配送は，いまだ実証の域に達していない．本章では，ドローン配送や災害対応を中心に，社会実装に向けた産業の視点を紹介した．

　ドローン配送や災害時の活用など，ドローンの利用拡大を日本で進めるうえで，何よりも人件費を中心とするコスト構造が課題であることがわかる．1 人がドローン複数機を監視・管理できる体制づくりは，人件費を削減できるかもしれないが，その場合，安全で信頼性の高い自動化されたシステムを安価に実現する必要がある．日本企業の強みを活かす場と今後の企業努力が期待される．一方で，安全な運用に必要とされる電波の確保などインフラの整備についての費用の負担についての整理や，空を飛行するものであるが故の安全リスクへの理解・信頼性向上の過程を受け入れる社会づくりなどが課題である．企業をまたいだ責任ある活動の実施と，それを実施する人材育成への対応は，日本の企業にとって新しい種類の挑戦といえるだろう．

第4章 | 教育現場でのドローンの可能性

4.1 | 教育テーマとしてのドローン

　ここまで，ドローンを中心とした次世代エアモビリティの社会実装に向けた，行政や産業の取り組みを紹介してきた．新しく生まれたこのツールにより，これまで利用が限られていた低高度の空を，これまでより身近に利用できるようになる．それによって，地域が抱えている課題の解決や新しいサービスや価値をもたらし，地域経済の活性や生活の質の向上が狙えるのではと，さまざまな努力がなされている．社会実装を進めるには，まだまだチャレンジすることは残っており，信頼性向上など市場の要求に合わせ技術開発を行うことのできる人材や，次世代エアモビリティの適性を捉えた利用を提案できる人材，運航リスクを捉え安全にミッションを実行できる人材の育成が必要だ．

　視点を変えれば，こうした科学技術の活用により社会価値の創出を狙うこのプロセスは，他産業にも参考になる面が多い．ドローン産業人材の育成は，広くイノベーション人材の育成として，大変面白い教育テーマであると考えられる．特にドローンは，それを飛行させるときにワクワクする感情を持ちやすく，（プログラミングにより）どう飛行させて活用するかといった近未来感をモチベーションに学びに取り組める．このような，「楽しみながら学ぶ」自然な感情を活用することは，Society 5.0 時代に生きる子どもたちにとって有益だと考えられる．

　新型コロナウイルスの感染拡大で，タブレットをはじめとする ICT 機器の導入が進み，また 2019（令和元）年から進められている文部科学省の GIGA スクール構想[1]を背景に，ドローンプログラミングが受け入れられや

すい環境が整ってきた．本章では，ドローン産業だけでなく，Society 5.0 時代のイノベーション人材を育成できる教育プログラムとして，教育現場でドローンを活用するヒントを提供したい．

4.2 節では，ドローンに関わるルール整備のきっかけとなった事件の紹介と，メリット・デメリットのあるツールの教育にあたり重要と思われることを紹介する．4.3 節では，教育現場で利用できる屋内小型ドローンやプログラミングソフトウェアについて紹介する．4.4 節では，教育現場でのドローンの活用事例を紹介する．

4.2 　ドローンと「ハサミ」

4.2.1 　2015 年のドローン事件とルールの整備

2015 年 12 月 10 日改正航空法のきっかけとなったのが，2015 年 4 月 22 日に起こった首相官邸無人機落下事件だ．現在も高性能ドローンとして，多くのユーザーが利用している世界的ドローンメーカー DJI 社（以下 DJI）製の「Phantom 1」を黒く塗装し，反原発を訴えるための放射性物質を搭載し，セキュリティが強固だと考えられていた内閣総理大臣官邸の屋上に不時着された状態で見つかった．大ニュースとなり，ドローンという名称や，DJI というメーカーに結果として注目が集まることとなる．

その後，犯人が自首したことで「威力業務妨害」容疑で逮捕された．一方，この事件以降，2022 年 3 月現在まで，航空法の改正や議員立法の成立など，ドローン利用に関するルールは大きく変わっている．

現在であれば，こうした事件の犯人は，この事件をきっかけとして議員立法された「重要施設の周辺地域の上空における小型無人機等の飛行の禁止に関する法律（通称：小型無人機等飛行禁止法)」（警察庁）に基づき，政府の指定する重要施設およびその周囲おおむね 300 m の周辺地域の上空における小型無人機等の飛行をした者として，1 年以下の懲役または 50 万円以下の罰金が適用されることとなるだろう．

また，新たに航空法に禁止事項として追加された，人口集中地区上空にお

1）https://www.mext.go.jp/a_menu/other/index_00001.htm

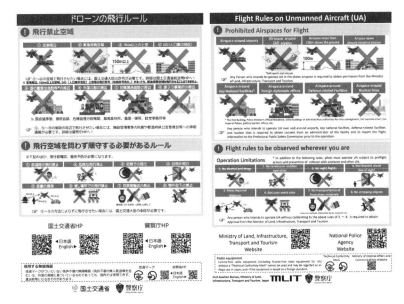

図 4.1 国土交通省航空局 ドローンの飛行ルール日本語版・英語版
(https://www.mlit.go.jp/koku/koku_tk10_000003.html)

ける飛行（航空法第 132 条第 1 項第 2 号）禁止や，第三者から 30 m 以内の飛行（航空法第 132 条の 2 第 1 項第 7 号）の禁止，もし自分の目で見える範囲で飛行させていなかった場合には目視外飛行（航空法第 132 条の 2 第 1 項第 6 号）の禁止，不時着させたのが夜間であったなら夜間飛行（航空法第 132 条の 2 第 1 項第 5 号）の禁止等，これらの禁止事項に抵触し，航空法の罰則も新たに追加されることとなるだろう．

　図 4.1 は，航空局の出しているドローンの飛行ルールを取りまとめたポスターである．ドローンの使い方の悪い例を「禁止事項」として，具体的に列挙することで事故や事件に発展してしまうことを未然に防ぎたい意図が理解できる．

4.2.2　ドローン教育で必要なこと

　前項で説明した飛行ルールには，事故や事件を未然に防ぎたい意図が見ら

れる．私たちがニュースを通じて受け取ることができるドローンの報道は，利活用を紹介する未来的で実験的なニュースももちろんあるが，その多くは迷惑行為と社会が感じる事象や法律に違反していることに関するものだ．そのため，こういったことは，産業全体に少なからずネガティブな印象を及ぼしている．

だが，ドローンはいわば日用使いしている「ハサミ」と同じようなものだとも考えられる．「ハサミ」による事故や事件はニュースで報道されるが，「ハサミ」によってポテトチップの袋や，ネットで購入した商品を梱包しているガチガチのビニールを開封しても，ニュースになることはない．ニュース性のない，ハサミは当たり前の便利なツールとして認識されている．ドローンも同様なところがあり，ある一定の使い方によってはハサミと同じように危険な行為にもつながるからだ．

ドローンの利活用を進めるにあたり，なぜそのルールがあるかを共に考え，また日々アップデートし，利用するシーンを考え，ドローンのメリット・デメリットをそれぞれ理解し使いこなす，そのための人材育成が黎明期のドローン教育の役割でもあろう．

4.3 | 屋内小型ドローンと得られる学び

4.3.1 教育現場とドローン

2015年の首相官邸無人機落下事件や改正航空法の施行など，無人航空機の定義や，飛行ルール，禁止事項等が明確にされたのと同じ時期にドローン関係の学校が次々と立ち上がった．同年11月，日本初のドローンの「基礎から安全な運用のための知識」と「操縦技能」が学べる学校が開校した[2),3)]．その学校は，デジタルハリウッド・ロボティクスアカデミー（デジタルハリ

---

2) 電動マルチローター型の無人航空機．
3) JUIDA認定スクールは，2022年3月現在，全国262校に拡大している．JUIDAが定める科目を修了した操縦士には，「無人航空機操縦技能証明証」や，「無人航空機安全運航管理者証明証」が交付される．科目としては，航空法やドローンの構造，天候や安全運航管理，日々の操縦訓練の大切さや機器のメンテナンス等を座学としてJUIDAテキストを活用して学び，屋外ではドローンの操縦技能を中心に実技を行っている．

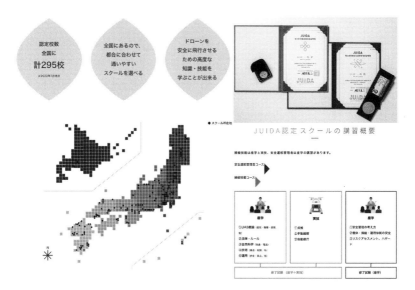

図 4.2 JUIDA 認定スクール（https://uas-japan.org/business/about-school/）

ウッド株式会社と株式会社 ORSO の共同事業，第 2, 3 期）で，JUIDA（一般社団法人日本 UAS 産業振興協議会）認定スクール第 1 号だ（図 4.2)[4]．続けて 2016 年 1 月には，DJI 社の日本法人 DJI JAPAN 株式会社が販売店とともに DJI Camp を立ち上げ，メーカーが推し進める操縦者育成も開始された．

　また，昨今，必ずしもドローン操縦者になることを目的とせず，ドローン操縦体験を希望する人や組織も増えている．社会人だけでなく，幼稚園から小学校，中学・高校・大学までと広範囲だ．

　このようなドローン人気も高まっているなか，一度もドローンを飛行させたことのない生徒や学生に突然ドローン（無人航空機）を渡して屋外で飛ばさせることは，飛行する環境にもよるが第三者への危害が加わってしまわないか主催者が心配になることも多い．

　ドローンを楽しみながら学び，関連法を順守しながら，主催者の安全管理や安全確保を共にクリアすることが求められる環境で，第三者へのリスクが

4）https://uas-japan.org/business/about-school/

低く，安全にドローン操縦やプログラミング教育が行えるエントリー教育として
しての役割を持たせられる操縦体験を提供できる機体が好ましい．そして，
自分の家の中で安心して毎日のルーティーンとして継続的に楽しみながら学
ぶことができれば，利用者の生活の一部に組み込んでもらえ，繰り返し練習
可能となる．もちろん機体は，技術基準適合証明を受けている必要がある．

　たとえば，株式会社 ORSO（以下 ORSO）は，ロボティクスアカデミー内
での練習機体選定の際，そのような観点から，室内専用で 200 g 未満の模型
航空機[5]に着目し，広く教育現場や操縦体験で利用できる機体の開発に着
手した．2017 年 4 月に発表した「DRONE STAR 01」と，スマホアプリ
「DRONE STAR©」は，「楽しみながら学ぶ」をコンセプトに，スマホでド
ローン操縦のスコアリングや，ドローンレースのような躍動感ある FPV が
免許不要でデジタルに行うことができるものだ．ドローン操縦者育成教育や，
ドローンレースに参加するための入門機，そして出張授業などで現在利用さ
れている．

4.3.2　操縦体験やプログラミングで得られる学び

　教室で操縦体験を行うには，機体の選定だけでなく，個別の安全対策が必
要だ．緊急着陸など，自動操作中も何かあった場合に介入できる体制を整え
てから授業を行うことが大切である（図 4.3）．そのような労力の先，操縦訓
練で得られる学びとは，いったい何だろうか．

　前提として，技適や法令に適合し，安全面に配慮したドローンの選定と，
どのような課題（目的）を伝え，それらをオペレーションできる体制を構築
することが大切である．そのうえで，その課題（目的）という面を考える．

　操縦体験を行う場合，極めて感覚的であり，定性的な操作のうまさを競う
こととなる．それは，プロポ（遠隔操縦装置あるいは操縦桿）の操作に慣れ
ていて，立体把握能力が長けている学生が上手に操作することが予測できる．

5）2015 年時点において，重量（機体本体の重量とバッテリーの重量の合計）200 g 未満
　のものは，無人航空機ではなく「模型飛行機」と分類されていた．2022 年 6 月以降は
　100 g 未満と改定．「模型飛行機」の場合，航空法における無人航空機に関する規制が
　対象外となる．

図 4.3 操縦体験，プログラミング体験の様子（株式会社 ORSO）
（https://www.orso.jp/business/drone.html）

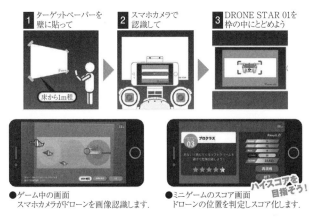

図 4.4 DRONE STAR© を活用してタブレットのカメラを通じて
操縦技能をスコアリングし競い合う様子

あるいは普段からゲームコントローラーを持ち，シミュレーションゲームをやりこんでいるゲーマーが強くなってしまう．それでは「ドローンを通じた学び」とはいえない．

しかし操縦スコアを測定し，「どのように操縦を改善すれば，よりよい点数がとれるようになるだろうか」といったような論理的思考力を働かせるよう導くことができれば，より価値のある授業となる．たとえば，スマホアプリ DRONE STAR© では，操縦性の向上をスマホカメラを通じてリアルタイムに認識する技術（特許申請済）を開発し，家に帰ってひとりになってもスマホアプリを通じて PDCA サイクルを回すことが可能である（図4.4）．

4.3.3　実施には事前準備が重要

ドローンの授業での活用には事前準備がとても重要だ．危険回避を想定しつつ，生徒の楽しみながら学ぶことを担保し，スムーズに運用することが必要となる．たとえば，複数の参加者でドローンを操作，またはプログラミングを実施することを考えよう．室内飛行できる DRONE STAR 01 のような，100 g 未満の機体をバッテリー満充電で用意しなければならないが，それは何台必要になるのか？　また途中で充電する場合は，何分で満充電できるのかなど，機材の運用状況を考えた準備が必要となる．それは費用とも関係してくる（図4.5）．

また，法令等を教える場合には最新の事例の準備が，プログラミングを実施する場合には課題の準備とともに，プログラミングアプリに対応したタブレットも人数分，またはチーム分が必要となる．このような事前準備と危険回避を想定した授業計画としては，①ドローンの簡単な紹介からはじまり，②禁止されている法律紹介，③操縦体験やプログラミング体験を 60 〜 90 分程度で行うことが多い．

周辺の異なるドローンに，自身のプロポやタブレットの回線が接続してしまう場合もある．操縦体験する際は，プロポとドローンの接続ミスが起こらないように，レーンごとに「ペアリングします，バインドします」と互いに掛け声をかけて操作するなど，周囲に注意を払う必要がある．また，操縦ミスで髪の毛にドローンの羽がひっかかり髪を切ることになってしまうことも

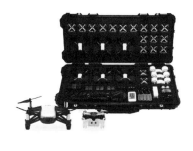

図 4.5 複数のドローンとバッテリーが授業で必要

（左画像）DRONE STAR© エデュケーションパッケージ.
（右画像）飛行エリアを地面にテープを貼るなど明確にしておき，他のコースと干渉しないようにしておくことが重要.

あり，目に激突したりすれば失明もしかねない．小さくても危険があるものとリスクを理解しておくことが重要で，レーンごとに講師を配置できない場合には，操縦体験自体を推奨できない．必ず安全を都度確認し，事故が起きそうだなと感じた際には緊急着陸させるなど，操作に介入できる体制の構築が必要である．

4.4 ドローン教育事例

ここでは，ドローンを取り入れた教育事例を紹介する．

「ドローンに今どんな技術があるのか，それがどのような背景で登場し，現状どのような状況なのか」を調べ，「社会とどういう関わりがあるのか，将来どうなっていくのか」を発想していく過程は，教育現場にとってとてもよいテーマと考えられる．ドローン産業はまだ立ち上がって 10 年と経っていない，成長著しい分野である．技術的な情報や，社会応用事例は日々更新され，ドローンの利活用にこれといった正解はないため，調べ学習や実務者へのヒアリングを通して，誰しもが専門家になりうる楽しさがある．

また，安全を考慮して実際の飛行体験を行うのであれば，ソフトウェアとの結びつきが面白い．課題（目的）に対して仮説を構築し，プログラミングが正しく行われているか，間違ったロジックを立てていないかが，実際に飛

行させることで如実に動きとして現れる．また，法体系などルールを学ぶきっかけともなる．安全性の向上，人々の不安の除去，そして経済の発展のため，官民協議会で環境整備が活発になされているが，そうした社会とのつながりを知ることができる．

4.4.1 教育現場1——ドローンレース世界大会参戦

本項では，「楽しみながら学ぶ」自然な感情の活用例として，教育を超えて実業の体験を学生に与えた慶應義塾大学学生チームのドローンレース世界大会参戦について紹介する．

(a) 学生の希望からドローンレース世界大会予選の開催

2016年，当時株式会社コロプラ副社長であった千葉（慶應義塾大学湘南藤沢キャンパス特別招聘教授／DRONE FUND 創業者・代表パートナー），ORSO 代表取締役社長の坂本（筆者），当時 DJI JAPAN 株式会社の井上の3人を講師に，慶應義塾大学 SFC キャンパスにて未来創造塾という枠組みでのドローンの講義が始まった．

そのようななか，参加する学生のなかに，ぜひドローンレースをやってみたいという学生がいた．その声が，慶應義塾大学 SFC キャンパスの体育館でのドローンレース世界大会の予選会開催とつながったのである．そして，さらにはドバイで開催される賞金総額1億2000万円のドローンレース世界大会へ，日本代表として参加することにまでなった（図 4.6）．ドバイでの世界大会参加には，旅費の負担や機器の購入のために，300万円を超える資金が必要で，講師は学生とともにスポンサー営業を一緒に行った．電通，NTT ドコモをはじめ多くの企業の支援を得たという．なお，授業自体も慶應義塾大学 SFC 研究所ドローン社会共創コンソーシアムの発足により急拡大していった．学生が持つ興味に，教育現場が応えていった形だ．

(b) 情報戦としての経験

一般的なドローンは，空撮目的に特化しているものであり，DJI 社製の Phantom 等は実際には時速40km 程度で飛行させ，風景や物体を美しく撮影することが一般的だった．しかし，それとドローンレース機のスペックはまったく異なり，速さを競うことに重点が置かれる．時速100km を超える

図4.6　ドローンレース世界大会日本予選会の様子

速度を瞬時に出すので，バッテリーのもちは悪く，極めて短時間の飛行しかできない．また，そのプロペラの推進力を無駄なく活かすために進行方向に向かって斜めに傾けてつくられている．安定的で美しい映像を撮影するドローンと比べると，いわば速さに特化した「怪物」のようなものだ．

　そのような怪物的ドローンのレースで勝つためには，開催されるレースごとの参加基準や，機体のレギュレーション，どこの誰が機体を開発しているかなど，情報を収集する必要がある．まったく日本語での情報がない状態のなかで，学生たちは海外のサイトのブログを読んだり，ドローンを自作している選手にコンタクトをとったりしながら，さまざまな言語で必要なことを集めていった．情報収集したうえで，海外からパーツを購入し機体を組み立て，参加レギュレーションに応じたチーム体制を構築し，学校の空地でのドローン飛行を申請して毎日のように練習した（図4.7）．

(c) 身体拡張の体験

　ドローンレースでは，パイロットは直接機体を見るわけではなく，FPVゴーグルというVRゴーグルのように視界を完全に塞ぐものを頭からかぶり，プロポを操縦する（図4.8）．実際には，前進する場合は下に傾き，カーブを曲がる際は映像がゆがむなど，ドローンから送られてくる映像を瞬時に見る，

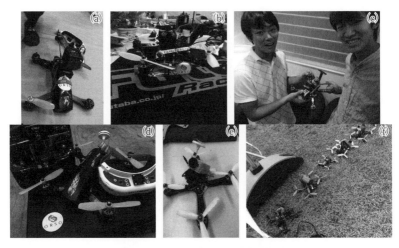

図4.7　レースに向けての試行錯誤

（a〜c）機体の変遷.（d）2016年3月ドバイの大会で活躍したモジュール型の機体.完成品だが,パーツの交換が容易.（e）ドバイ後は複雑なレギュレーションに対応するため,自作機体に変更フレームの形が縦長のI型から,空気抵抗の少ないX型等試行錯誤を重ねる.X型は同じモーター,プロペラを搭載してもサイズを小さくできる一方,墜落時の故障のリスクが高かった.（f）2016年7月　秋田県仙北市のレース.さまざまな形をした機体が並ぶ.

図4.8　ハワイでの世界大会でドローンカメラからのリアルタイム映像がFPVゴーグルへ転送されて操縦している高宮選手の様子

または予測しながら,機体の姿勢を感じ取り,リアルタイムに操縦を行っていくことが求められる.これらの行為は,操縦しているパイロットにとって,自らが本当に飛んでいるかのような感覚を得られる1つの身体拡張だといえる.

　このリアルタイムに映像伝送されてくる動画だが,実際にドローンに乗っ

て操縦しているわけではなく，障害物があったり，一定以上の距離または高さを飛行させていることもある．映像伝送は遅延の少ないアナログ電波を使うことが多く，ドローンのモーターから発生する電磁波や携帯電話等電子機器の電波によるノイズが入ってくることに常に注意をはらう必要がある．ノイズが発生すると「モノクロで砂嵐の映像」を見ながら判断・操縦することになる．

このような屋外レースにレギュレーションに用いられるドローンレースの機体はハイパワーで，少しの操作でも多くの距離を推進するような制御がされているものが多いため，狭い室内で飛行させることに適していない．かといって，野外のグラウンドでの練習でも，操作ミスにより障害物となるフラグや地面に激突するなどして何台もの機体が壊れた．しかし，複数のパイロットの継続的な操作の練習，また次に参戦する大会のコースレイアウトを覚えることは必要である．そのため，資金的な制約もあり，バーチャル空間で練習を行ったりもした[6]．

(d) 教育から実業へ

目標を仲間と共有し，慣れない英語で情報収集だけでなく海外の有名チームなどに問い合わせを行い，学生には到底出すことのできない機材費や移動費等をあの手この手でやりくりし，また日々練習に明け暮れた．そうして，ドバイ大会参加を皮切りに，クラウドファンディングを行って資金を得てのシンガポール大会参戦，さらなるスポンサーを得るためにと中国深圳やハワイでの国際大会へ次々と参戦した．

結果として，これらはドローンにおける1つの教育事例というより，いわば実業体験のような感覚であった．また，コロナ禍のなかテレワークなどで一部当たり前となってきた「遠隔からの操縦」や「身体拡張」などの新しいテクノロジーの使い方とその未来予測を，2016年の時点でドローンレースを通じて，学生だけでなく，講師自身も体験することができた．これらの技術によって，移動時間が短縮，またコスト削減・危険地帯等においては安全

---

6) ドローンレースへの参加は冒頭でも書いたように非常に費用がかかる．当時，1台あたり約15万円の部品を複数台分取り寄せ，故障や消耗に対応する必要があった．日本の電波法に適したFPV環境を整えることも含めば最低でも100万円以上初期費用としてかかる目安である．学生のサークルとして資金の管理は非常にハードルが高くまた重要であった．

図 4.9　世界初＆最大ドローンレース参加報告会の様子

が担保される.

　ドローンの活用を考えることは，楽しさを引き金として，未来の働き方や，心理的安全性の確保，事業化における競争優位性の作り方など，新しい社会における付加価値を作り出せるようなディスカッションにつながる可能性も秘めている（図 4.9）.

4.4.2　教育現場 2──小学校で操縦を，中学校で映像制作を

(a) 有事にドローンを活用できる街づくり

　熊本県阿蘇郡南小国町では，役場職員のドローンパイロット研修および町内の小学生〜中学生（町内 3 つの小学校，1 つの中学校）でのドローン操作および映像制作の授業を，一般社団法人救急医療・災害対応無人機等自動支援システム活用推進協議会（以下 EDAC）に受託・実施しており，2017 年から 5 年間続いている.

　南小国町は，熊本県北部に位置し，阿蘇外輪山・くじゅう連山の標高 430 〜 945 m のところにあり，起伏の激しい地形の町で，総面積 115.86 m² と九州のなかでは小さいが，全国的に有名な黒川温泉を中心とした観光業に強みを持っている. また，町の 85％を占める山林原野での農林業や，畜産業では原野を利用した放牧で今では赤牛や黒牛の放牧を行っているなどの特色がある.

　南小国町でのドローン活用は，2016 年に熊本地震が起こり，防災力や災害対応の向上にドローンの利活用を進めるために EDAC と「ドローンを活

用したまちづくり協定」を 2017 年に締結したことをきっかけに始まった.
EDAC と南小国町役場でも熊本地震を通じた共通認識として,「平時から利
用していないものは有事にも活用することができない」と感じていた.

しかし,平時から活用するとしても,都市部ならまだしも地方で新しいテ
クノロジーを普及展開することは難しい. その根底にあることの 1 つは「見
たことも触れたこともないものに対する不安」であると考え,南小国町のな
かでどれだけドローンに触れる機会を作るか?という点を大きな課題として
設定した. そして,(1)町内小中学校での操縦体験授業,(2)役場職員のドロ
ーンパイロット研修,(3)観光コンテンツとしてドローン飛行場所を作るこ
と,をテーマに設定して町内のドローンとの接点の創出に取り組むこととな
った.

(b) 南小国町での教育の指針とドローン

南小国町教育委員会では,「きよらの郷の人づくり教育プラン(南小国町
教育大綱)」に従って,日々教育を行っている. そして,「南小国町の未来の
創り手を育成する」ために必要な資質・能力(4C:Communication, Col-
laboration, Creativity, Critical Thinking)を育成することを目指している.
また,南小国町では,教育現場に iPad が導入され,IoT,ICT,タブレット
を活用した授業などが始まっている.

一方,ドローン体験学習は次の 3 つの資質・能力を育てることにつながり,
親和性が高いと考えられた.

- ドローンやタブレットを活用し,南小国中学校を紹介する学習を通し,
  自分の考えを他人にわかりやすく,効果的に伝える能力=コミュニケー
  ション(Communication)
- 協力して映像制作をすることで,多様な集団の中で協働できる能力=コ
  ラボレーション(Collaboration)
- ドローンを操作し,これまでできなかった映像の企画や撮影,編集など
  を通じて,企画およびプレゼンテーション能力の向上など,新たな価値
  を生み出す創造性=クリエイティビティ(Creativity)

また,キャリア教育の視点を踏まえて,具体的なドローン体験活動や外部

図 4.10　操縦体験の様子（障害物コース）

からの講師などと連携・協働することで，自分の将来とつなげながら必要な学びを確保できるようになると期待された．

　町内には，3つの小学校，1つの中学校がある．小学校では学年に応じた難易度の違う操縦体験2種類，中学校ではタブレットを利用した映像制作の授業を行うことにした．

(c) 小学校でのドローン操縦教室

　小学校での操縦については町内全3小学校の1年生から6年生までを対象としているため，町内の子ども全員が体験をしている．毎年1学年1時間で，全学年共通で障害物コースクリアの操縦体験，3年生以上ではこれに加えチームでのドローン輪くぐり試合を行っている．

　障害物コースでは，ドローンの仕組みを理解し，思った通りに動かせるよう練習する．ゲームとは違い思った通りには動かないので，思っていることと現実の違いを体感し，誤差を考えながら操縦していくことを習得していく．

　「制限時間内に障害物をクリアしゴールを目指す」というもので，学年に応じて障害物の難易度を変更しているが，おおよそ30%程度の子どもがクリアできる難易度に設定している．トイドローンを利用するため，風の影響やセンサーの微妙なずれなど思うように動かないことが多々ある．そういった点を踏まえ難易度を設定し，ゲーム性を高め，子どもたちにトライアンドエラーを十分に感じてもらう（図4.10）．

　また，自分の操作していない時間でも他の子が操作している様子をじっとみて，「自分ならこうする」を考え，声を出して指示を出したりするので非常に盛り上がる．

図 4.11 操縦体験の様子（輪くぐり試合）

　ドローン輪くぐり試合は，トイドローン操縦とは異なる．試合を通じて自由に操作かつ，対戦相手の動きや同一のチーム内での連携などを考えながら操縦することによって戦略やチームプレイを習得し，協力する大切さや喜びを体験することを目的にしている．具体的には，2人もしくは3人チームで，試合時間内にテント内に吊るした輪っかをくぐった点数を競い合う．3年生以上を対象にしているのは過去の操縦体験によって操作に慣れていないとできない内容であるためである．これは個人ではなくチームプレーが必要になってくるので，子どもたちで攻める・守るのタイミングなど，自分以外の動きにも目配りをしながら協力して操作していく（図4.11）．

　この体験を通じて，子どもたちからは，以下のような感想が挙がった．

- スマホの画面だけを見ながら飛ばす（操作する）ことが難しかった．
- 狙った通りに操作することが難しかった．
- プログラミングでドローンを飛ばしてみたい．
- ドローンで撮影してみたい．
- 自分は将来大工さんになりたいので，家を建てた後，点検や写真を撮ったりすることに役立てたい．
- ドローンでお届け屋（宅配業）をしてみたい．

　一般的なゲームとは異なり，コントローラーでの操作が物理的な動きとなって現れる新しいテクノロジーに触れ，さらにトライアンドエラーを体験する機会は新鮮で，新たな "してみたい" ことにつながったようだ．

(d) 中学校での映像制作授業

中学校では，小学校で学んできたドローンの技術に加え，企画力，プレゼン力，アプリケーションの活用などを学ぶため，トイドローンを利用した映像制作授業を年に1回，1日かけて行っている．

映像制作授業は，小学校で培ったドローン操作技術を活用し，作りたい映像の企画構成，撮影，編集などを通じて，企画力およびプレゼンテーション能力の向上を目的としている．映像制作体験では，グループで話し合ったり，分担したりして，協力することの大切さを学ぶ．さらに，キャリア教育の視点からも自分の将来の職業選択とつながるような学習とする．

企画から撮影編集まですべて子どもたちが行う．大まかな流れは以下の通りである．

1. 個人で，撮影したいものとその内容を書き出す．
2. グループで集まって，各々が撮影したいものを確認し，統一したテーマを決める．
3. 撮影の順番および撮影内容の動きや担当を決める．
4. 上記を用意したプリント（絵コンテ）にまとめる．
5. 撮影.
6. 編集.
7. 作品の視聴.

撮影のトイドローン用のアプリには，iPadで操作できタブレット内に撮影したデータを簡単にダウンロードできるTelloを，映像の編集用には，Apple社のiMovieを利用した．企画のまとめに向けて，専用のプリントも用意した．

実際に映像を作ることが，先生および生徒たちは初めてなので，日頃から映像制作等を行っている大学生および事業者が，演出や編集のコツなどをサポートしながら授業を実施している．

学校や先生，部活を紹介することをテーマに制作する．授業中の生徒たちは，短い時間の中で企画から撮影まで終える必要があるため，忙しく校内を動いている．時間が足りず，想定していた撮影を断念するチームもいる．ま

図 4.12 映像作成授業の様子

たチームごとに同じテーマだとしても伝えたいことや出演者の動き，撮り方が違い，最後の映像の視聴会の際は，自分以外のチームがどのように表現しているかで盛り上がりを見せる場面も多々ある（図 4.12）.

体験した中学生からは以下のような感想を得ている.

- グループで各自撮影した映像が，協力して 1 つの作品に作り上げることができたのでおもしろかった.
- 小学校のときはドローンを飛ばす学習だけだったが，中学生でその技術を活かし，タブレットやドローンで映像を撮影し作品を作り上げることができてよかった.

(e) 少子高齢化のなかの新しい道

このように小中学校の子どもたち全員がドローンに取り組むことによって，先端技術に触れる. そうして，今後来るであろう次世代エアモビリティは，「見たことがある」「触れたことがある」ものとなって，町全体として受け入れ，利活用する体制ができてきている.

その結果，町全体としてドローンの有用性を認識し，受け入れと活用が増えている. 2020（令和 2）年 7 月豪雨の際は，役場職員がドローンを活用し土砂災害の調査を 2 日かからずにデータをすべて取得完了するなど，具体的な活用ができた. 今後来る少子高齢化社会の地方のあり方としての新しい道を切り拓きつつある.

4.4.3 教育現場3──小学生に教える前提で学ぶ高校生

(a) 大分県立情報科学高校ドローンプログラミング講座

2020年，大分県立情報科学高等学校では，教育委員会の事業としてドローンプログラミング講座を開催した[7]．高校生は，全5コマの授業を受講したのちに，小学校への出張授業を行った．教える前提でドローンを学ぶことで，プログラミングのさらなる技術・理解度の向上を狙ったものだ（図4.13）.

高校生・小学生たちは，ドローンの高く飛び上がったり，フリップする姿に高い関心を示し，継続的に課題に取り組んだ．その後のアンケート結果では，参加者の90％以上が満足したと回答し，協力していただいた教職員からも「ドローンプログラミング教室の告知をした段階から小学生たちの期待度がとても高かった」との声が上がった．

講座は，高校生が主体となり，小学校に出張授業を行うことを目的として行われた．高校生にとっては「小学生にわかりやすく教える」ことがミッションとなる（表4.1）.

1・2コマ目は主に座学として，ドローン使用についての基礎知識の習得や安全管理について学習する．またアクティブラーニングとして，社会での利活用事例を通じて，さまざまな分野で利活用されているドローンを知り，身近な場面での利活用を高校生がグループごとに考えるワークショップを実施する．

3コマ目では，プロポによる手動での操縦を体験した後に，DRONE STAR© プログラミングアプリを活用したドローンのビジュアルプログラミングを実践し，順次処理，反復処理，条件分岐を活用してプログラミングでのドローンの飛行体験を行う．

4・5コマ目では，ここまで学んだことを生かし，小学生向けに教える，伝えるための準備・練習，具体的にはグループごとに分かれ実際にシナリオを作り，小学生に教えるシミュレーションを行う．実際に小学生に対しての教育の実践では，プレゼン講座やドローンプログラミングのワークショップ，

---

7) 株式会社IDM（以下IDM）樹下（筆者），天野，前多が中心となり企画運営（協力：OEC野崎）を行った．

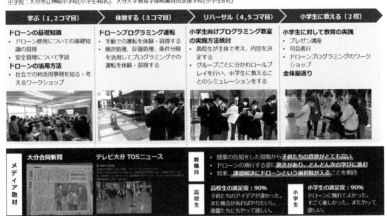

図 4.13 ドローンプログラミング講座【大分県教育委員会】（IDM 株式会社）
（https://idm-drone.co.jp/）

表 4.1 講座概要

令和 2 年 高校生による小学校プログラミング教室開催等業務委託
目的：高校生・小学生のプログラミング技術の向上を目指す
対象高校：大分県立情報科学高等学校
対象クラス：1 クラス（計 21 名）全 5 コマ（1 コマ 50 分）
小学校授業全 2 コマ（1 コマ 45 分）
小学校：大分市立神崎小学校（小学生 46 名）
大分大学教育学部附属特別支援学校（小学生 6 名）

　司会進行なども含め，すべて高校生たちが運営することとし，講師陣はなる
べくサポートに徹しながらも，航空法も定義などが間違っている部分につい
てはチェックを行う．プレゼン内容からくる小学生の反応や，ドローンを飛
行させる際のオペレーション等，実施した反省を踏まえ，さらに違う学校で
再度実施することで学びを深める．
　この授業を通じて，ドローンを学ぶことを入り口に，高校生の学ぶ意欲を
向上させるだけでなく，将来彼らが課題解決に取り組む際，ドローンを使う
という選択肢自体もさることながら，プログラミングや，自らの力で学ぶ，

学びの多様性への認知にもつながると考えられる結果となった.

　この事例の他にも,大分県では,大分県豊後高田市や玖珠郡九重町の少年の家で開催された体験型子ども科学館 O-labo 催のプログラミングイベントでは40名ほどの小学生が参加するなど,多くのドローンプログラミング教室が日常的に行われている.

4.4.4　教育現場4——大学でのドローンプログラミング演習

(a) 東大ドローンプロジェクト

　東大ドローンプロジェクトは,2017年9月から継続して行われている,東京大学大学院工学系研究科および東京大学工学部の学生対象の授業である.特定分野の技術力向上はもとより,競技参戦や事業創出,社会実装を通じて,チーム運営能力やプロジェクト遂行能力の向上を目指す体験型の授業だ(図4.14).

　「ドローンの基礎を学び,操縦し,未来の利活用を検討する!」をスローガンに,無人航空機の基礎(関連法規・機体構造・プログラミング・ビジネスモデル)を学び,産業分野における利活用方法を立案し,プレゼン資料にまとめピッチコンテスト形式で発表,評価する.実際にビジネスの最前線で活躍されている有識者を招き,実際のピッチコンテスト形式で学生からのアイデアを評価する.また,ここで学んだ学生が福島の小学校へのドローン出張授業も行った.

　コロナ禍においては,オンライン形式に講義を移行してこのプログラムを継続した.操縦体験においても学生の自宅に模型航空機を送付し,操縦体験やプログラミング体験を Zoom を通じて行っていた(図4.15).

　コロナ禍の影響下では,教室で双方向に議論する環境から,Zoom を通じた一方通行な講義になりかねない環境になった.そのため,学生内でチームを組成し課題に応じた調べ学習を行い,Zoom のプレゼンテーション機能を活用してどのように発表するかまで検討させることで,科目が推し進めるチーム運営能力やプロジェクト遂行能力の向上につなげた.

(b) プログラミング演習応用編

　4.3節「屋内小型ドローンと得られる学び」にて紹介したドローンのプロ

図 4.14　2021 年度春学期の東大ドローンプロジェクトのポスター

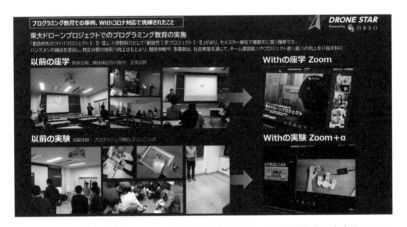

図 4.15　コロナ禍の影響で Zoom で開催することとなった 2021 年度の東大ドローン
プロジェクト

グラミング教育事例は，エントリー教育としてのビジュアルプログラミング
であった．想定している動きを「順次処理（図 4.16 の順次処理を参照）」と
して機能ブロックをやってほしい内容順に並べていく形で行うことが多く，
プログラミングのなかでも一番基本的な処理を実施することとなる．
　東大ドローンプロジェクトでのプログラミングは応用編として，図 4.17

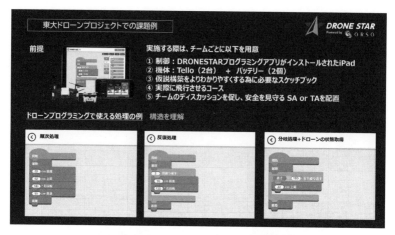

図 4.16　ドローンプログラミングの課題例

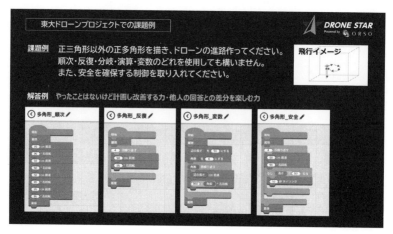

図 4.17　ビジュアルプログラミングを活用したドローンプログラミングの課題例

　の安全を配慮し，スムーズなオペレーションを目指す前提条件のもとで，プ
ログラミング的な変数や反復等を活用させると同時に，安全運航についての
処理を分岐条件として入れる工夫を行っている．ドローンプログラミングで
使える処理の例として，図 4.16 に書かれている順次処理，反復処理，分岐
処理を知り，使える機能を学び，既に用意されたコースを前提に，グループ
ごとに課題に取り組んでもらう．

グループごとに課題に取り組む　　　　飛行させるコースを計測する

図 4.18 株式会社 ORSO 本社ビルで実施した東大ドローンプロジェクトの講義の様子

図 4.19 株式会社 ORSO 本社ビルで実施した東大ドローンプロジェクトの講義の様子（左写真）グループごとに実際に飛行させるドローンを見ながらタブレットでビジュアルプログラミングを行い課題に取り組む．（右写真）飛行させるコースにて実際に飛行させ，あとで見直せるようにタブレットの機能を活用して映像を撮影する．

　2021 年度は，「正三角形以外の正多角形を描き，ドローンの進路を作ってください．順次処理・反復・分岐・演算・変数のどれを使用しても構いません．また，安全を確保する制御を取り入れてください」という課題で，15 分以内でのプログラミングをグループごとに目指してもらった．

　図 4.17 下の解答例にあるように，順次処理で一通り並べてブロックを並べるグループもあれば，反復や，変数を使い，実際のプログラミングに近い形で，入力値によって動作が変わるプログラムを論理的に思考するグループもあり，とても興味深い違いが出た（図 4.18, 4.19）．

図 4.20　全日本学生室内飛行ロボットコンテスト

4.4.5　教育現場5——全日本学生室内飛行ロボットコンテスト参戦

（a）作って飛ばして競う授業

　飛行ロボットプロジェクトは前項と同じく，東京大学大学院工学系研究科および東京大学工学部の学生対象の授業である．ここでは，既存の機体にプログラミングしたり操縦したりするにとどまらず，実際に無人航空機（「飛行ロボット」と呼んでいる）を作って飛ばす授業である．

　異なる専攻・学年の学生がチームを組み，航空工学の基礎，設計や図面の描き方，基本的な航空機を作る手順についてのレクチャーを受けた後，工作室にて設計・製図・製作を行い，飛行実験を体育館で行う．この「体育館で飛行させる」という点が重要である．屋外では，天候や風を考慮せねばならず，サイズも大きくなりすぎる．また法律上の問題もあるので，最初から体育館内で飛ばすことを想定して機体を作る．最終講義では，東大内の体育館で全員集まって展示飛行を行う．日本中の大学生や高専生対象の「全日本学生室内飛行ロボットコンテスト」[8]（図 4.20）に，この授業のチームで製作した機体で挑む．

　学生は自分たちがどんな機体を作りたいのか，イラストを描くところから始め，実際の形に落とし込んでいく．最後は飛行までなんとかたどり着くが，垂直に上がった後，水平に飛び始める．空中分解などの失敗もあるが，思

8）一般社団法人日本航空宇宙学会主催（http://indoor-flight.com）

図 4.21 工作室での作成の様子

考・実践・体験しながら学んでいる．自分たちが作った機体が初めて空を飛んでいる光景を見ると，当然学生たちにはものすごい感動が押し寄せてくる（図 4.21）．

これは，工学教育，航空工学の実践にもなり，ものづくりや課題発見・解決能力，プロジェクトマネジメント能力，決められたスケジュールまでに物を作り上げる能力を培うのに非常に最適なものだと考えられる．また，ドローンの応用としては，その現在の技術や背景，そして社会との関わりや将来像などを学んで，柔軟な発想にまでつなげるというのが重要である．

4.4.6 教育現場 6──産業向けドローン教育

(a) 産業現場でドローンを活用するための知を整理

JUIDA 認定スクールなど，2015 年以降，ドローンのスクールは増加したが，ドローンの操縦・法令などを学ぶことはできるが，その学んだ先，産業の現場で実際にどのように活用するか，その周辺知識までを教えるスクールは多くなかった．ここでは事例として，do 株式会社[9]（以下 do）が株式会社小松製作所（以下，コマツ）とともに立ち上げた教育プログラム「UAV 写真測量 初級編 powered by KOMATSU SMART CONSTRUCTION」を紹介する．

---

9) DJI JAPAN 株式会社と株式会社 ORSO との共同出資会社で，「ドローンで社会を豊かに」というコーポレートミッションをもって，人材・ソフトウェアという領域でドローンに関するサービスを展開している．2016 年 10 月に設立.

図 4.22　講師育成講習風景

　do は，ドローン市場の発展には産業利用の促進が必要だと考え，産業利用の促進につながる教育プログラムの樹立を目指し，特定の産業分野でドローン活用を積極的に取り入れている企業らとアライアンスを組んでいる．一方，グローバル建機メーカーであるコマツは，「スマートコンストラクション」というコンセプトを掲げ，労働力不足やオペレーターの高齢化，安全やコスト・工期に関わる現場の課題に向き合っている．その活動の一環として測量現場におけるデータの3次元化に取り組んでおり，それを実現するための重要なツールの1つであるドローンに当初から注力していた．

　do は，コマツ社内に点在するドローン×測量の知識・ノウハウを体系的に整理し，実際の測量現場に立つコマツ社員の力を借りて，1つの教育プログラムを作成した．そのプログラムは，ドローンを活用した写真測量の目的・役割・手順と，UAV の知識・操縦方法・法律などを体系的に学びながら，実践的な実習を行うものであった．do はこの教育プログラムを，全国のドローンスクールおよびドローンを活用する測量会社の新事業としてライセンス提供を行い，ビジネスを展開した（図4.22）.

　この事例にとどまらず，do では農機メーカー・ヤンマーヘリ＆アグリ株式会社との「UAV リモートセンシング」，測量機器メーカー・株式会社トプコンソキアポジショニングジャパンとの「トプコン写真測量システム TS トラッキング UAS トレーニング」，航空測量企業・国際航業株式会社との「PHANTOM 4 RTK 写真測量講習プログラム」等，ドローンが多く活用される産業分野で教育プログラムを立ち上げてきた．特定の産業分野における個別の企業に蓄積されるノウハウ・知識を統合的・効果的に整理しての「ド

ローンの使い方の標準化」を行うことはドローンの利活用促進において重要と考えられる.

4.5 | まとめ

2016 年 11 月，無人航空機操縦技能証明証という民間の操縦士ライセンスを交付できる JUIDA 認定スクール第 1 号が開講して以来始まったドローン教育は，ドローンレースのようなサークル活動や，楽しみながら学ぶ機体開発，そして GIGA スクール構想を起点としたプログラミング教育など，新たな人材育成へと枠を広げ，ドローンの利活用の好事例として日々進化し続けている.

自動化が進んだ技術とはいえ，ハサミのように，どう利用するかで結果は変わるドローンを，アップデートされ続けるルールを捉え，安全や人々の安心に配慮したうえで，社会のために活用できる "自発的思考し続ける" 人材は，ドローン産業のみならず，Society 5.0 の社会を導く人材となる. また，ドローンを製作して飛行させるということは，工学教育の実践，ものづくりや課題発見・解決能力やプロジェクトマネジメント能力，決められたスケジュールまでに物を作り上げるという，そういった能力を培うのに非常に最適だ. そして，プログラミング教育の題材としても，安全に十分配慮することを前提として，プログラムの行動が可視化される. ものを飛ばす楽しみを味わいながら，そのような機会を得られる貴重なツールである.

人々の生活を大きく変えてきて，そして，ドローン自体がインターネットと同じ，ごくごく当たり前のものになろうとしている. ドローンも「空飛ぶ携帯電話」のようなこれまで以上の可能性が感じられ，未来を生きる子どもたちの生活はどのようなものになるだろうか. また，未来を生きる子どもたちが「自発的に思考し続けることのできる人材」となり，現在のドローンのような新しいイノベーションを生み出すのだと，黎明期のドローン教育を通じて，最も意義ややりがい，共に学ぶ楽しみを感じてきた. 自然と楽しみながら学べる事例や教材が国内でますます増えていくことで，日本が世界に誇れるドローン教育や自発的思考人材を世界に発信していく未来に期待する.

第5章 │ 近づく人とドローンの距離

5.1 │ 次世代エアモビリティの特徴

　ドローンや空飛ぶクルマの社会実装は，日本では「空の産業革命」や「空の移動革命」という言葉で，海外では次世代エアモビリティ（AAM）やアーバンエアモビリティ（UAM）という言葉で，期待され議論が行われている．AAM と UAM はそれぞれ以下のように定義できる[1]．

- AAM：近年の電動化，自動化，垂直離着陸機（VTOL）などのさまざまな技術革新によって期待される，新しい航空機の設計，サービス，ビジネスモデルなどの航空イノベーション
- UAM：大都市内や都市間を移動する際に，乗客の移動，物品の配送，緊急サービスのための安全で持続可能かつ安価で利用しやすい航空輸送システム

　AAM は UAM に比べて，都市部，郊外，農村部におけるオンデマンド航空の新興航空市場とユースケースに焦点を当てた幅広い概念だ．

　ドローンあるいは一部の空飛ぶクルマでは既存の航空輸送システムより低高度の飛行が，ドローン配送や空飛ぶクルマによる旅客輸送は既存の航空輸送システムより居住区近くでのサービス提供が検討されている．すなわち，AAM/UAM は，既存の航空輸送システムに比べて人との距離が物理的にも心理的にも近くなる．その実現は，これらを社会に統合するチャレンジともいえる．そして，特に UAM のような居住者の価値観が多様な都市部でのサービスの実現は，その地域への特別な配慮が必要になる．次世代エアモビリ

---
1) https://ntrs.nasa.gov/api/citations/20210016168/downloads/20210016168_MJohnson_VertiportAtmtnConOpsRprt_final_corrected.pdf

ティの社会実装の大きな鍵は，その安全性を社会が許容できるレベルまで高めることである．先に挙げた社会との統合度にもよるが，許容度を高めるためには，まずは安全性そのものを高めることが必要で，それはリスクの把握から始まる．

そこで，AAM の地上や空中の第三者へのリスクを考えてみよう．従来の航空輸送システムの安全性評価は，機上の人のリスク，つまり致死率をどこまで抑えられるかの安全目標が設定され，対応する安全確保措置が実施されてきた．墜落や空中衝突は機上の人にとって致命的であるため，そのアプローチで間接的に地上や空中の第三者へのリスクも低減されてきた．しかし，人が必ずしも搭乗しない AAM などでの遠隔操縦や自律運航では，これまでのように機上の人のリスクだけにフォーカスするアプローチが適切でない場合がある．さらに，これまで機上の操縦者が担ってきた他の機体との空中衝突のリスクについても，改めて整理し直すことが必要である．

本章は，次世代エアモビリティの実装にあたって，運航する地域との関係の考察，また次世代エアモビリティが持つ地上や空中のリスクへの理解を目的とする．やや専門的な内容も含むが，次世代エアモビリティの日本での促進に向けて，関係者の理解が進むことは非常に重要である．5.2 節では，AAM の居住区付近でのサービス実装を考えるうえで，社会受容性はどのように構築されるのかを議論する．5.3 節では，低高度の利用について，土地所有者との関係を整理する．5.4 節では，地上や空中の第三者へのリスクの評価手法について紹介する．5.5 節では，空中衝突リスクの考え方についてより専門的に議論を行う．

5.2 社会受容の仕組み

5.2.1 社会受容性の向上

日本におけるドローンや空飛ぶクルマの社会実装を進めるうえで，社会受容性の向上の重要性は認識されてはいるが，時に"需要"の向上の文脈で語られることが多いように感じられる．特に，社会受容性向上を狙った「認知度の向上」を重要視して，PR 活動が計画されることが多い．

　第3章で，産業において，安全性・信頼性を高めることと，事業性を高めインフラの整備を進めることがレベル4実現の鍵であると議論した．そのサービスへのニーズが高いほど，市場から求められる安全性・信頼性のレベルが上がることが多い．また，需要が高まれば，資金も集めやすくなり，結果，安全性や信頼性の向上に資する技術開発が行われるだろう．需要を高めることはもちろん重要なのだ．「認知度の向上」も，潜在需要の引き起こしを狙っていることだと考えれば，間違っていないかもしれない．

　しかし，受容性を考えるうえでは，これだけでは十分でないと考えられる．AAM，特に居住区付近で稼働するUAMは，導入された地域に，多少なりとも弊害ももたらす可能性もある．利用者以外の，サービスが実装される地域の人々がそれをどう受け止めるかが，需要性を高めることと同じく重要だと思われる．筆者はAAM/UAMには21世紀の社会に大きな価値をもたらしうると同時に，適性は地域によって異なるとも考えている．その地域の特性や直面している課題によって，このイノベーションの効果は変わってくるだろう．利用者としてだけでなく，社会受容の観点から地域の新たなモビリティとして受け入れられるのか，効用と同時に弊害を含んでいても地域として受け入れるのが望ましいのか，各地域で議論が必要である．本節では，その基礎を提供する．

5.2.2　UAM への期待と懸念

　UAMについて，人々は一般に，どのような期待や懸念を持っているのだろうか．EASA（欧州航空安全機関）やNASA（アメリカ航空宇宙局）は，地域の期待や懸念を理解するために参考になる結果を公表している[2),3)]．表5.1は，これらの調査をまとめたものである．

　また，同じくEASAの調査で，ドローン配送やエアタクシー利用への期待を聞いたものである．70％を超える回答者が利用への意欲を見せたという．社会"需要"性の議論であれば，いかにこの利用の意欲を示す住人の数値を上げるかが問題となるであろう．一方，社会"受容"性の観点では，ドロー

---

2) https://www.easa.europa.eu/sites/default/files/dfu/uam-full-report.pdf
3) https://www.nasa.gov/aam-studies-reports/

表5.1　UAM に対する期待と懸念（脚注 2) 3) をもとに筆者が作成）

期待	懸念
• 災害対応，時間短縮などの効果 • （交通）選択肢の増加 • 自動化への興味（先端的な街イメージ） • 地域での雇用の創出 • 地域での経済活性化	• 騒音 • 安全性（地上） • 視覚公害（空の渋滞含む） • 環境への影響 • Vertiport と周囲の関係 • プライバシー • セキュリティ懸念 • 個人に関するデータ流出 • 価格／税金の支出 • 失業の心配 • 適切でない利用 • 倫理

ンもエアタクシーも利用しないと答えた 29% にのぼる人たちが，地域のサービスとしては UAM の存在を受け入れるのか，近しい者の利用や勤務先として支持できるものになりうるのかが論点となる．地域の激しい抵抗は，需要性を下げる可能性もある．

5.2.3　社会受容のメカニズム

　需要性と受容性には違いがあること，次世代エアモビリティの社会実装を進めるうえで社会受容性の醸成の必要性が関係者の間で議論されていることはすでに述べた．では，社会受容性はどのようなメカニズムで醸成されるのか．筆者は，Wang ら（2021）[4]や Haddad ら（2020）[5]，Taebi（2017）[6]の研究を参考に，図5.1 のようなメカニズムで社会受容が醸成されるとの仮説を立てている．まず，地域への効用と弊害のバランスを社会受容"性"（地域への適性），地域で"感じられた"効用と弊害のバランスを社会受容"度"

---

4) Wang et al.（2021）Exploring the trade-off between benefit and risk perception of NIMBY facility: A social cognitive theory model, Environmental Impact Assessment Review 87, 106555

5) Haddad et al.（2020），Factors affecting the adoption and use of urban air mobility, Transportation Research Part A, 132, pp. 696-712.

6) Taebi, B.（2017）Bridging the Gap between Social Acceptance and Ethical Acceptability Risk Anal. 2017 Oct; 37(10), pp. 1817-1827.

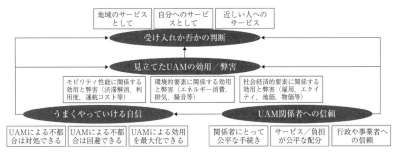

図5.1 UAM社会受容のメカニズム——中村・Agouridas・武田モデル

（効用の周知度）と定義する．すなわち，その地域において効用が弊害に勝り，またその効用が公平に配分される状態が受容性が高い状態だが，一方でそうなっていると地域の人々に受け止められているかどうかは別なのである．受容性は高いと考えられたとしても，その合理性や関係者が信頼に値する努力を払っていると受け止められていない多くの場合に，社会受容度を高める努力が別途必要になる．

　さて，個々の行動は，自身が見立てたUAMの効用と弊害のバランス，UAM関係者への信頼，そして全体として，自身も社会もUAMとうまくやっていける自信に影響されると考えている．個々の行動とは，そのUAMサービスを自身（または雇用先）へ，あるいは地域や近しい人（または雇用先）へのサービスとして受け入れることであり，これが社会受容度に関わる行動である．

　一方で，効用や弊害を測る要素は多くあり，またそれぞれの重みは人によって異なる．UAMの場合，それは「渋滞解消や運航コストなどモビリティ性能に関する要素」「エネルギー消費や排気など環境的要素」，そして「雇用期待や公平性など社会経済的要素」から判断できると考えられる．Haddadら（2020）[7]は，ドイツのバイエルン州におけるUAMの社会受容性を図るために，要素の洗い出しや重み付けなどを専門家インタビューや地域住人へのアンケートを通して行い，公共交通としてエアタクシーを運航する効用と弊害の総合評価を試みている．

---

7) Haddad et al.（2020）Choosing Suitable Indicators for the Assessment of Urban Air Mobility: A Case Study of Upper Bavaria, Germany.

UAM 関係者への信頼には，図5.1 に示したように，公平・透明な手続きや，効用と弊害の公平な配分，そして行政等への信頼が大きく影響する．そして，効用の最大化と弊害の管理・最小化をするための計画とその実施が，"うまくやっていける自信" につながっていく．空飛ぶクルマに関しては現在，技術を中心の環境整備を重視する傾向にあるが，このように考えると，考えうる弊害についての真摯なコミュニケーションも重要ではないだろうか．

ドローンについての安全性を重要視しての環境整備は，時に政府によるスピード感の欠如と批判されている面もあり，そこは努力の姿勢を認知してもらう必要もある．"うまくやっていける自信" は，地域の都市計画や防災計画といった高い視点で，地域への UAM の取り込みを計画することにより構築され，効用の最大化・弊害の最小化が測れると考えられる．

5.2.4　宣伝ではなく対話を地域住民と

当たり前のことであるが，社会受容を議論するうえで最も重要なことの1つは，地域の声を聞くことだろう．どのような課題を持ち，新しい航空輸送システムにどのような期待と懸念を持ち，どのようなプロセスでの実装を好むのか．UAM 実装に向けて進む環境整備の舞台に，住民や自治体が参加し，住環境や環境への配慮を十分組み込めるよう，彼らの能力を開発し権限を確保する必要性を，海外では議論し始めている．欧州の自治体イニシアティブ UIC2[8] や米国の eVTOL メーカー等が支援している NPO Community Air Mobility（CAMI）が代表例である[9]．UIC2 の活動を受けて，日本での UIC2-JP が立ち上がったことは第2章でも触れた．

持続可能な都市モビリティ計画（SUMP）の中で適切な形の UAM の社会実装を目指すために，UIC2 に所属する自治体が行っている活動が UIC2 の発行物[10] に紹介されている．そこでは，都市計画の準備段階から，地域住民を巻き込むことと公共の利益に貢献する UAM サービスの検討の重要性がハ

8）https://smart-cities-marketplace.ec.europa.eu/action-clusters-and-initiatives/action-clusters/sustainable-urban-mobility/urban-air-mobility-uam

9）https://www.communityairmobility.org

10）https://smart-cities-marketplace.ec.europa.eu/sites/default/files/2021-12/practitioner_briefing_urban_air_mobility_and_sump.pdf

イライトされている．たとえばフランスのトゥールーズでは，市民とのワークショップが開催されたが，市民の過半数がドローンを救急医療搬送に活用することを支持し，その実現にあたっては，国や企業ではなく自治体が主導権を握る必要があるとの意見を得たという具体的なケースが紹介されている．また UAM やエアモビリティ計画固有のために作成されたものではないが，ハンブルクでは都市計画にあたり，現在の問題や課題の議論に市民の参加を促すためのデジタル参加システム（DIPAS）が構築されていることが紹介されている．

　地域住民との対話や社会受容の醸成が難しい理由の1つは，住民や関係者が実際の状況・環境で経験できるサービスやツールが限られていることである．たとえば，多数のドローンや空飛ぶクルマが，ある地域内を長期間にわたって飛行するシチュエーションへの理解につながる実証実験は今のところあまりない．そのため，大規模に UAM サービスが提供される将来像について，十分な情報に基づいた意見（たとえば，受け入れの可否）を形成することも，効果的かつ有意義な計画を立てていくことも難しい．UIC2 もそのように指摘している．打開策としては，少なくともこの限界を意識して対話を設計すること，可能であれば，（発生する騒音，サイズ，飛行挙動なども考慮した）高度なシミュレーションや拡張現実体験などの体験機会を提供することが考えられる．

　ドローンや空飛ぶクルマはあくまでツールである．地域の課題や特徴を捉え，UAM というツールを採用する正当性を確認し，さまざまな関係組織との協力や調整を，ひいては他の都市計画と統合し既存の都市環境と調和させるための議論を継続的に行っていくことが重要だろう．

5.3 | 空は誰のものか──他人所有地上空における無人航空機飛行に関する法的整理

5.3.1　土地所有権の範囲についての基本的な考え方

　他人が所有する土地の上空における無人航空機飛行と土地所有権との関係について，2021（令和3）年6月28日に内閣官房小型無人機等対策推進室

から「無人航空機の飛行と土地所有権の関係について」が公表された．ここでは，次のような基本的な考え方が示されている．

【土地所有権の範囲についての基本的な考え方】

　民法においては，「土地の所有権は，法令の制限内において，その土地の上下に及ぶ．」（第207条）と規定されているが，その所有権が及ぶ土地上の空間の範囲は，一般に，当該土地を所有する者の「利益の存する限度」とされている．

　このため，第三者の土地の上空において無人航空機を飛行させるに当たって，常に土地所有者の同意を得る必要がある訳ではないものと解される．

　この場合の土地所有者の「利益の存する限度」の具体的範囲については，一律に設定することは困難であり，当該土地上の建築物や工作物の設置状況など具体的な使用態様に照らして，事案ごとに判断されることになる．

　本節は，この「無人航空機の飛行と土地所有権の関係について」を敷衍し，実際の無人航空機の飛行に際して，これを適用または応用するための参考として供することを目的とする．

5.3.2　土地所有権が土地上の空間に及ぶ範囲

(a)「利益の存する範囲」の位置付け

　「無人航空機の飛行と土地所有権の関係について」は，土地所有権が土地上の空間に及ぶ範囲を，土地所有権者の「利益の存する限度」であるとする．

　土地所有権の範囲を規定する民法207条は，法令の制限を除き，土地所有権が土地の上下に及ぶ範囲を制限していない．しかし，現在の通説的見解は，土地所有権が土地の上下に及ぶ範囲を土地所有権者の「利益の存する限度」とする．その理由として，民法207条が土地所有権を土地の上下に及ぼす趣旨は土地所有権者に土地の利用を全うさせることであることを挙げる．また，スイス民法とドイツ民法の定めを参考として挙げる．

　スイス民法とドイツ民法とは，結論において，土地所有権者による権利主張が「利益の存する限度」において認められるという点で同様である．しかし，そうした結論にいたる両者の考え方は異なる．スイス民法は，「利益の存する限度」によって土地所有権が土地の上下に及ぶ範囲を画する．他方，ドイツ民法は，土地所有権が土地の上下に広く及ぶことを，「利益の存する

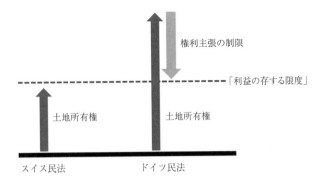

図 5.2 スイス民法の考え方とドイツ民法の考え方の比較

限度」によって権利の主張を制限する.

　民法 207 条の解釈について，たとえば土地所有権者が，土地利用に影響しない高空での航空機の飛行に対して，これを排除するために所有権を主張することは，権利の濫用となるとする見解もある．これはドイツ民法と同様の考え方によるものと思われる．しかし，「無人航空機の飛行と土地所有権の関係について」で示されている考え方は，土地所有権が土地上の空間に及ぶ範囲を「利益の存する限度」であるとするものであり，スイス民法と同様の考え方であると思われる．

　前述のように，スイス民法の考え方とドイツ民法の考え方とは，その実際的な結論において同様であり，一見，民法 207 条を解釈するに際して両者を区別する意義に乏しいようにも思われる．しかし，両者を区別することは，訴訟における権利主張のあり方を整理する際に重要な意義がある．たとえば，土地所有権者が無人航空機の飛行による自らの土地所有権への侵害を主張する場合，スイス民法の考え方では，土地所有権者が，無人航空機の飛行が「利益の存する限度」にあることを主張しなければならないと考えられる．他方，ドイツ民法の考え方では，土地所有権者は自らの所有地上空を無人飛行機が飛行していることのみを主張すれば足り，無人航空機の飛行を行う者が，土地所有権の侵害を否定するために，無人航空機の飛行が「利益の存する限度」にないことを主張しなければならないと考えられる．換言すると，スイス民法の考え方では，「利益の存する限度」の概念は，土地上の空間に

土地所有権が及ぶことに対する正当化として機能するのに対して，ドイツ民法の考え方では，これを土地上の空間に土地所有権が及ぶことに対する制限として機能する．

「利益の存する限度」が，土地所有権者による土地利用の観点から，土地上の空間に土地所有権を及ぼすことを正当化するものであるという整理は，「無人航空機の飛行と土地所有権の関係について」が言及しているいくつかの論点を理解する際のポイントとなると考えられる．

「無人航空機の飛行と土地所有権の関係について」は，「航空法において規定されている最低安全高度は，あくまで安全確保の観点からの規制であり，土地所有者の"利益の存する限度"の範囲を定めるものではない」とする．仮に，「利益の存する限度」を土地所有権に対する外在的制約であると整理するのであれば，これと安全確保の観点からの規制である最低安全高度との関係を議論する余地があるとも考えられる．しかし，「利益の存する限度」は，土地利用の観点からの土地所有権に対する正当化であることから，「無人航空機の飛行と土地所有権の関係について」が指摘するとおり，最低安全高度との関係を議論する余地はないと考えられる．

また，「無人航空機の飛行と土地所有権の関係について」は，「いわゆる"上空通過権"」を否定する．そして，その理由として，「いわゆる"上空通過権"」が，民法上認められている土地上の空間の一定範囲に設定される用益物権にあてはまらないことを指摘する．これに加えて，前述のような「利益の存する限度」の整理からは，所有権の観点からも「いわゆる"上空通過権"」を否定することができると考えられる．すなわち，土地上の空間に所有権が及ぶことは，「利益の存する限度」において土地利用の観点から正当化されるのであるから，「いわゆる"上空通過権"」のように，土地利用を離れて，土地上の空間に対して土地所有権を及ぼすことはできないと考えられる．

(b)「利益の存する範囲」の範囲

「無人航空機の飛行と土地所有権の関係について」は，「利益の存する限度」の具体的範囲について，「一律に設定することは困難であり，当該土地上の建築物や工作物の設置状況など具体的な使用態様に照らして，事案ごとに判断されることになる」とする．

　前述のとおり,「利益の存する限度」は,土地所有権者による土地利用の観点から,土地上の空間に土地所有権を及ぼすことを正当化するものであると整理される.「利益の存する限度」の具体的範囲の判断が,具体的な土地の使用態様に照らしてなされることは,こうした整理からの自然な帰結である.

　「無人航空機の飛行と土地所有権の関係について」は,具体的な土地の使用態様が,「利益の存する限度」の具体的範囲の判断に際しての考慮要素となるとするにとどまるが,前述のような「利益の存する限度」の整理からは,その範囲についての原則的な判断基準として,土地所有権者が土地利用に伴って占有可能な範囲またはその延長と認められる範囲であるか否かということを考えることができるのではないかと思われる.

5.3.3　土地所有権に基づく妨害予防請求権

　これまで検討してきたとおり,土地所有権が土地上の空間に及ぶ範囲は,土地所有権者の「利益の存する限度」である.そのため,この「利益の存する限度」の範囲の外でなされる無人航空機の飛行に対して,土地所有権者が所有権を主張して,これを排除することはできないと考えられる.

　しかし,所有権者には,物権的請求権の1つとして,妨害予防請求権が認められている.妨害予防請求権は,所有権に対する妨害状態が生じる危険がある場合に,その原因の除去を求める権利である.この原因は,必ずしも物権の及ぶ範囲で生じているものに限定されない.そのため,無人航空機の飛行が,土地所有権が及ばない「利益の存する限度」の外でなされるものであったとしても,それが土地所有権に対する妨害状態を惹起する危険があると認められるものなのであれば,妨害予防請求権の対象となりうる(図5.3).「無人航空機の飛行と土地所有権の関係について」では言及されていないが,他人が所有する土地の上空における無人航空機飛行に際しては,こうした妨害予防請求権についても留意する必要があると考えられる.

　無人航空機の飛行に際しては,機体落下等の危険を否定することはできない.しかし,それがために無人航空機の飛行が常に妨害予防請求権の対象となるものではない.妨害状態が生じる危険は,社会通念に照らして客観的に

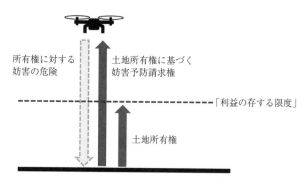

図5.3　無人航空機飛行と土地所有権・妨害予防請求権との関係

判断される．そのため，この妨害予防請求権との関係においては，無人航空機の飛行が社会で受容されているか否かが重要な意義を有する．無人航空機の飛行が社会で受容されていることは，妨害状態が惹起される危険に対する評価を大きく引き下げるものである．無人航空機の飛行の安全が確立され，そうした安全に対する人々の信頼が構築されることにより，無人飛行機の飛行との関係における土地所有権に基づく妨害予防請求権についての実際的な問題の大部分は解消されるものと考えられる．

5.3.4　土地所有権以外の権利（人格権）

　他人所有地上空での無人航空機の飛行が，「利益の存する限度」の外でなされ，また，土地所有権に対する妨害状態を惹起するものではないと社会通念に照らして認められるものであれば，これに対して土地所有権者が，妨害予防請求権を含めて，土地所有権に基づく主張を行うことはできない．しかし，他人所有地上空での無人航空機の飛行に際して，土地所有権者との関係において検討すべき権利・利益は，土地所有権のみではない．土地所有権に抵触しなければ，他人所有地上空で自由に無人航空機の飛行を行うことができるわけではない．その飛行が，大きな騒音を伴うものである場合や，生活の平穏を害する頻度で継続的になされるような場合等には，生活妨害として，土地所有権者の人格権（人格的利益）の侵害となる．

　この人格権の有無の判断は，被害が社会生活上受忍すべき限度を超えるか

否かによるとする，いわゆる「受忍限度」論を採るのが判例および通説的見解である．この点においても，社会的受容は重要な意義がある．文脈によっては，「受忍限度」と社会的受容は，実質的に同義となることも考えられる．

人格権の観点からは，他人所有地上空での無人航空機の飛行に際しては，土地所有権が土地上の空間に及ぶか否かにかかわらず，土地所有権者の理解と協力が重要となると考えられる．また，無人航空機の飛行に際して問題となるのは，土地所有権者との関係に限られない．

こうしたことを踏まえると，「無人航空機の飛行と土地所有権の関係について」が，「土地所有者をはじめとする地域の理解と協力を得ることは極めて重要である」や，「地域の関係者に丁寧に説明し，理解と協力を得る取組が求められる」として，土地所有権者のみならず，広く地域の関係者全体からの理解と協力を得ることの重要性を指摘していることについても，あらためて確認すべきである．

5.3.5 今後の見通し

図 5.4 は本節で議論を行った，他人所有地上空での無人航空機飛行に関する法的関係の整理を図示したものである．

本節での検討のうち，土地所有権が土地上の空間に及ぶ範囲については，これを一律に定めることはできないものの，その基本的な判断の枠組みについての整理はなされており，今後の個別的な事例判断の蓄積を待つのみであるということができると考えられる．

他方，所有権に基づく妨害排除請求権と人格権については，さらなる整理を要すると考えられる．そして，その際の両者に共通する重要な考慮要素として社会的受容が挙げられる．そのため，社会的受容は，今後，無人航空機飛行の法的整理に関しても，極めて重要なテーマとなるものと考えられる．

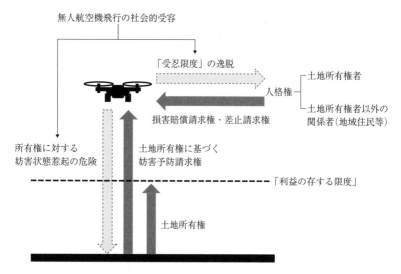

図 5.4　他人所有地上空での無人航空機飛行に関する法的関係の整理

5.4 ｜ 運航リスクアセスメント手法——SORA

5.4.1 国際的なキーワード SORA

　日本では，航空局からドローンの許可承認を受ける際に，飛行マニュアル
の提出が求められる．そして，2022 年 3 月現在，参考のため航空局標準マ
ニュアルが提供されている[11]．そこでは，「運航者は，本マニュアルの遵守
に加え，使用する機体の機能および性能を十分に理解し，飛行の方法および
場所に応じて生じるおそれがある飛行のリスクを事前に検証したうえで，追
加的な安全上の措置を講じるなど，無人航空機の飛行の安全に万全を期さな
ければならない」と冒頭で記載されている．しかしリスクの検証方法は，そ
れぞれの運航者に委ねられている．
　一方で，欧米日等の航空局が参加している JARUS[12]（Joint Authorities

11）https://www.mlit.go.jp/common/001218180.pdf
12）無人航空機システムの規則に関する航空当局間会議.

for Rulemaking on Unmanned Systems）から，2017 年に SORA（Specific Operation Risk Assessment）に関する一連のドキュメントが発行されている[13]．SORA は，航空局と飛行許可申請者の間で確認を行うコミュニケーションツールである．欧州の採用する制度のなかで Specific カテゴリー（中程度のリスクに分類される運航）について，その運航本来の地上や空中の第三者への安全リスクが"許容範囲なレベル"まで抑制されているかを確認する．いくつかの例外はあるが[14]，欧州では Specific カテゴリーでの運航許可が必要な申請者は SORA の文章を参考に，意図する（予定している）運航の地上や空中の第三者へのリスクを判断し，求められる安全上の措置（と必要に応じて修正した運航体制）を，自国の航空局に示す必要がある．

　SORA は，リスクアセスメントという言葉を使っているが，厳密にはリスクの検証手法ではなく，欧州にて飛行許可を得る手段である．ただし，JARUS からの発行物で用いられ，ドローンの運航の"許容範囲な（リスク）レベル"（安全確保措置）の水準を示すものとして，国際的なキーワードとなっている．海外へのビジネス展開を検討する事業者だけでなく，冒頭に述べたように"万全を期した"安全上の措置を計画する必要のある国内の事業者にも参考になる部分が多い．本節にて，SORA の概要を紹介する[15]．

5.4.2　SORA の 3 つのコンセプト

　SORA の背景にある 3 つのコンセプト――総合リスクモデル，ロバスト性，セマンティックモデル――が，運航の安全上の措置を計画するに有益と思われ，本項ではまずこちらを紹介する．なお総合リスクモデルのみ，2017 年に発行された SORA の第 1 版に基づくものである．

---

13) 2019 年には第 2 版が発行されていて，本文は特に断りがなければ第 2 版の内容を参照する．http://jarus-rpas.org/content/jar-doc-06-sora-package
14) 用意された標準的なシナリオに従った飛行であったり，別途認定された事業者の場合は，異なる方法で飛行許可を得ることとなる．
15) 詳しくは，中村裕子ら，低高度空域での無人機活用のためのリスクアセスメント手法 SORA の国内での有効性検証――ケーススタディ：新上五島町での無人ヘリコプター物流，*Technical Journal of Advanced Mobility*, 2(4), pp. 42-55 も参考にしてほしい．また，SORA の国内での利用の価値を鑑み，筆者らは福島ロボットテストフィールドにて SORA に基づくリスク評価ガイドラインの作成を現在行っている．

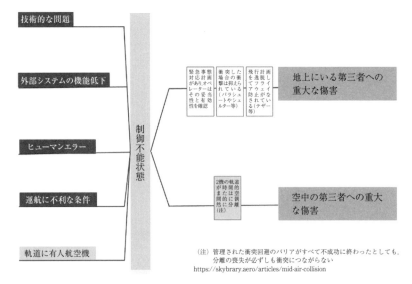

図5.5　総合リスクモデル——脅威とハザードと傷害および傷害を引き起こす措置

　SORA の総合的リスクモデルは，ドローンの運航に伴うリスク，ハザード，脅威，安全管理措置の一般的な枠組みを提供する．そこで扱うリスクは，地上にいる第三者への重大な傷害と，空中の第三者への重大な傷害である．そして，対象とする危害を招く可能性のあるハザードについては，許可が与えられた運航の範囲を超える「制御不能な状態」と考える．

　次節で概要を紹介する SORA の具体的なステップのなかでは，発生したハザードが傷害を引き起こす可能性を低減させる考え方が紹介されている（図5.5）．ここで，発生したハザードが傷害を引き起こす可能性を十分低減する措置がなされていれば，その運航において「制御不能な状態」となる確率を抑える要求が軽減されることとなる．

　また，ドローンを許可が与えられた運航の範囲を超える「制御不能な状態」に導いてしまうものとして，以下の5つの脅威を特定している．

- 無人航空機に関する技術的な問題
- 外部システムの機能低下
- ヒューマンエラー

- 運航に不利な条件
- 軌道に有人航空機

　これらの脅威のバリアとなる設計や製造，訓練，メンテナンス，運航での
とるべき体制，を SORA では業界のベストプラクティスから提示する（図
5.6）．それぞれのバリアに求められるロバスト性（後述）は，ハザードが傷
害を引き起こす可能性の度合いに応じて設定される．

　ロバスト性のコンセプトは，各種安全上の措置を計画するにあたっての考
え方である．その措置により得られる安全性の水準（安全の増加）と，計画
されている安全性の確保が確実に実施されることを示す保証の水準（証明の
方法）の双方を評価することが重要としている．たとえば，第三者衝突の衝
撃を抑える措置を計画する際，ただパラシュートのような装備品をつけてい
るかどうかを確認するだけでは不十分で，その装備品の有効性について，衝
撃の吸収度合いといった安全性の水準と，その装備品が必要な際に機能する
かについての保証の水準の双方で評価しようというものである．

　SORA では，その運航のリスク（地上にいる第三者への重大な傷害と空
中の第三者への重大な傷害を与える可能性）に応じて，図 5.6 で見たような
脅威の各バリアに求めるロバスト性が設定されている．ロバスト性は，低，
中，高の 3 つの異なる水準があり，その措置のロバスト性は，安全性の水準
と保証の水準の低い方に準じて評価される．たとえば，中レベルの安全性の
措置が，低レベルの水準でしか保証されない場合には，その安全確保措置は
低レベルと評価される．

　セマンティックモデルは，関係者間での効果的な対話を進めるため，運航
手順および運航する空間に関する用語の標準化のために提案されたものだ．
図 5.7 は JARUS SORA のセマンティックモデルの概念図である．図 5.8 に
SORA のセマンティックモデルに関わる用語をまとめた．

　想定飛行空間（flight geography）は，無人航空機の飛行の目的や，機体
やシステムの性能，環境に応じて設定される飛行範囲である．無人航空機の
オペレーションが正常に制御できている正常運用（normal operation）時は，
標準運航手順（standard operational procedures）に従って飛行を行う．機
体や外部システムの異常・外乱の影響で想定飛行空間から外れてしまう恐れ，

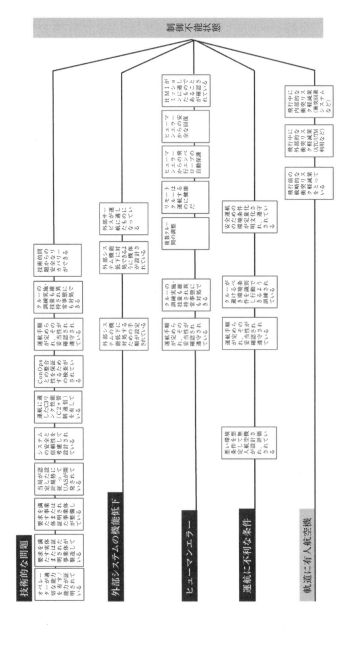

図5.6 総合リスクモデル——制御不能な状態になる脅威についてのバリア

図 5.7 JARUS SORA のセマンティックモデル

制御状態		制御喪失状態	
正常運用	異常事態 (望ましくない状態)	緊急事態 (復旧不可能な状態)	
標準運転手順	異常対応手順 (例:RTH機能,手動運転,退避 用駐機場への着陸等)	緊急事態対応手順 (例:緊急着陸,飛行停止機能の有効化等)	
(N/A)		緊急事態対応計画 (制御喪失状態に起因する影響拡大防止のための計画)	
運用空間		(N/A)	
地上リスク評価に際しての評価要素領域		(N/A)	
予定飛行領域	例外飛行領域	リスク緩衝領域	隣接領域
技術的制御が及ぶべき領域		(N/A)	
空中リスク評価に際しての検討対象領域		(N/A)	
予定飛行領域	例外飛行領域	任意的リスク緩衝領域	隣接領域
技術的制御が及ぶべき領域		(N/A)	

図 5.8 セマンティックモデルに関わる用語

あるいは外れてしまった異常事態(abnormal situation)では,ただちに異常対応手順(contingency procedures)へと移る.異常対応手順により想定運航空間へと復旧するのに必要な空間を想定外飛行空間(contingency volume)として確保する.

想定飛行空間と想定外飛行空間を合わせたものをオペレーション空間と定義し,その空間から万が一外れてしまった緊急事態では,ただちに緊急事態対応手順(emergency procedures)と緊急事態対応計画(emergency response plan)を実行する.

飛行の地上リスクを検討する際には,想定飛行空間だけでなく,オペレー

ション空間，さらに地上リスク緩衝地域（ground risk buffer）を合わせた範囲を検討し，そのリスクを一定の範囲まで低減する策を計画する．飛行の空中リスクを検討する際には，想定飛行空間だけでなく，オペレーション空間（想定飛行空間および想定外飛行空間），さらに任意で空中リスク緩衝地域（ground risk buffer）を合わせた範囲を検討し，そのリスクを一定の範囲まで低減する策を計画する．

　また，隣接領域（adjacent areas）について，無人航空機が制御不能な形で侵入してしまった場合に高いリスクが想定される場合には，隣接領域に侵入しないための対策を検討する必要がある．

5.4.3　SORA の 10 ステップ

　SORA は図 5.9 のように 10 段階の作業ステップがある．SORA を解説するオーストラリアの研究者のまとめた概要図[16]（図 5.10）と合わせて見ることで，その全体像の把握がしやすい．

　Step #1 で運航形態（ConOps）を整理し，Step #2 および #4 でその運航に関わる地上および空中の第三者リスククラス（それぞれ GRC，ARC）を判定表を利用して評価する．この段階で判断されるリスククラスは初期 GRC および初期 ARC とされ，その定性的な評価が実際の運航と異なる場合に，オペレーターは Step #3 および Step #5，#6 にてその調整を行い，意図する運航の最終的な GRC および ARC を特定する．

　Step #7，#8 では，Step #6 までで特定された，意図する運航の第三者へのリスククラスから，求められる各種脅威へのバリアとそのロバスト性を導いていく．Step #7 で，GRC と ARC から SAIL という制御不能な状態を抑える必要性の高さを判定する．Step #8 では，特定された SAIL に応じて OSO という運航安全目標・脅威への各バリアの要求）が設定される．オペレーターは，そこで指定される，設計や製造，訓練，メンテナンス，および運航に関わる安全活動とそのロバスト性に対応する．対応が難しい場合には，オペレーターは運航コンセプトを見直して再度 Step を回していくこととな

---

16) https://www.slideshare.net/terrymartin2805826/overview-of-the-jarus-specific-operations-risk-assessment-process

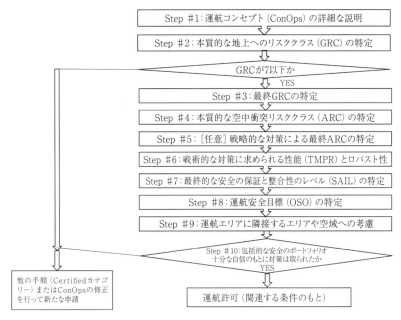

図 5.9 JARUS SORA の 10 ステップ

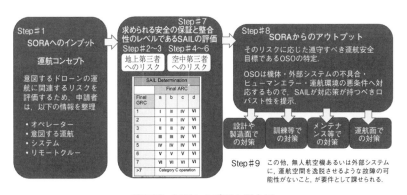

図 5.10 SORA の手順の概念図

る.

Step #9 では，無人航空機あるいは外部システムに，隣接する地上エリア や空域に悪影響を及ぼすような空域の逸脱を発生させるような不具合の可能 性がないことを確認する．Step #10 では，Step #9 までの SORA 活動を，

その中で求められたエビデンス等も合わせて，取りまとめる段階である．その取りまとめを通して，オペレーター自身あるいは当局や管制機関と，その運航の安全性について確認する．

　SORA の具体的な利用方法について，長崎県新上五島町で行った離島ドローン配送について SORA を適用したケーススタディを 2021 年に発表しているので参照してほしい[17]．

5.4.4　日本での SORA の導入

　SORA は民間航空の培った安全の仕組みを，ドローン産業にとって現実的な形へと落とし込もうとした努力が滲み出ていて，特に附属書は読む価値のあるドキュメントである．

　また，SORA はリスクを細かく評価することで，できるだけ機体の認証を必要とせずに，しかし安全であると規制当局も申請者も自信を持って飛行許可を得て運航できる手段である．日本では今後，機体認証制度が創設されることとなっており，それは SORA のアプローチとは異なる[18]．しかし，SORA の総合リスクモデルでも紹介したように，ドローンが制御不能な状態になる過程には，技術的な問題以外の脅威があり，特に運航の組織体制などは非常に重要である．欧州では，たとえ飛行許可のいらない低リスクの運航でも，1 人以上で行われる運航では運航手順のドキュメント化がオペレーターに求められる[19]．セマンティックモデルで紹介したような，通常時・異常時・緊急時の運航手順の設定は日本でもしっかり求めていく必要があるのではないだろうか．またロバスト性の，特に措置の機能保証の観点も積極的に日本に取り入れていく価値があると考えられる．

　SORA では，自己宣言が低保証，データの保持や業界標準に則った保証であれば中保証，規制当局やしかるべき第三者機関が認定したものであれば高保証として評価される．「飛行の安全に万全を期さなければならない」日本のオペレーターにとって，SORA は少なくない気づきを提供していると

---

17) https://www.jstage.jst.go.jp/article/tjam/2/4/2_42/_pdf

18) https://www.mlit.go.jp/common/001428537.pdf.

19) https://www.easa.europa.eu/downloads/110913/en

考えられる.

5.5 | 空中衝突リスクの考え方

5.5.1 空の安全を保つためのルール

　航空機は一見，自由自在に空を飛行しているように見える．しかし実際には，空の安全を保つために，さまざまなルールや安全装置の指示に従って秩序だった飛行をしている．自動車に喩えてみよう．自動車は人や建物，他の自動車等に衝突しないよう道路に沿って走行し，交差点では信号機に従う．また最近では，走行中に前の自動車に接近しすぎると警報を出したり，自動でブレーキをかけたりすることで衝突を防止する機能を持つ自動車も存在する．

　航空機も，基本的には定められた航空路に沿って飛行し，多くの航空機が他の航空機や地面との衝突を防止する装置を装備している．ただし，航空機は自動車に比べて速度が速く，パイロットの目視だけでは他の航空機との安全な間隔を保つことが困難である．また雲がある場合や夜間等，自動車と比べて視程を確保することが困難な状況が多い．そのような状況下でも安全な飛行ができるよう，航空の世界では航空管制官がレーダーで俯瞰的に航空機を監視し，適切な指示を出すことで空の安全を確保している．

　ドローンや空飛ぶクルマのような次世代エアモビリティに目を向けると，初期の段階においては交通密度が低く空中衝突の可能性は非常に稀だろう．しかしながら，次世代エアモビリティの活用促進に伴って飛行数が爆発的に増加する可能性があり，その段階においては新たな空の安全を保つ仕組みが必要になると考えられる．本節では既存の有人航空機における空の安全を保つ仕組み，特に空中衝突のリスクの考え方とそれを緩和する手段について概観し，次世代エアモビリティの空中衝突リスクに対して，どのような対策が考えられるかをまとめる．

5.5.2　有視界飛行方式の航空機との空域の共有

　本題に入る前に，既存の有人航空機の飛行のしかたに関する重要な概念である，計器飛行方式（Instrument Flight Rules: IFR）と有視界飛行方式（Visual Flight Rules: VFR）について説明しておく．航空機は航空路に沿って，管制官が指示を出すことで安全に飛行していると前述したが，すべての航空機がそのように飛行しているわけではない．航空機は IFR か VFR のどちらかの飛行方式に従って飛行している．

　IFR とは特定の空域内を常に管制官の指示に従って飛行する方式であり，主に管制官の指示によって空中衝突が防止される．VFR は IFR 以外の飛行と定義されている．VFR では，基本的に管制官の指示を受けないので，パイロットが目視で周囲の見張りを行い，空中衝突を防止することになる．IFR と VFR のより正確な定義については航空法，および航空法施行規則を参照されたい．

　次世代エアモビリティはさまざまな機種・ミッションが想定されるため，一概にどこを飛行すると言い切れないが，多くの場合，IFR ができない比較的低高度での飛行が想定されている．したがって，ほとんどの次世代エアモビリティは VFR か，次世代エアモビリティに適した特別な方式で飛行すると考えられる．今後，次世代エアモビリティの活用促進のためには，ドローンや空飛ぶクルマが，既存の VFR 機が混在した環境下で飛行する場合の安全について考える必要がある．しかしながら前述のとおり，VFR 機はパイロットの目視で安全を確保したうえで，航空路によらない比較的自由な飛行を行うため，それとの空中衝突のリスクを見積もり，それを緩和することは容易ではない．

5.5.3　航空機の安全とリスクの考え方

　ここまで特に説明もなく「安全」という単語を用いてきたが，どのような状態になれば安全であるといえるだろうか．「安全」という単語は日常的に使用されるが，明確な定義を述べるのは思いのほか難しい．分野によって定義のしかたは異なるが，工学において安全とは，「受容できないリスクがな

いこと」と定義されていると考えられる．裏を返せば，次世代エアモビリティ導入に関わるリスクを定義することができれば，次世代エアモビリティの安全についても議論することができるようになる．

リスクの定義は，対象によってさまざまなものが存在するが，航空機に関しては主に，以下に示す定性的なリスクと定量的なリスクが考えられてきた．

定性的なリスク：
- 数値化によらない表現のリスク
- 抽象的な表現になることが多く，認識の齟齬が起こる可能性がある
- 数学的なモデルが存在しない，数学的なモデルを構築する前段階，またそもそもどのようなリスクが存在するのかわからないときに適している

定量的なリスク：
- 数学的なモデルに基づいて数値で表されたリスク
- リスクを数値化することで曖昧さを排除した議論をすることができる
- 妥当性のある数学的モデルが存在する場合にしか利用できない

定性的なリスクに関する具体的な例としては，空港への新たな進入方式の導入に対して方式ごとに実施されている運航安全性評価（Flight Operational Safety Assessment: FOSA）が挙げられる．定性的なリスク評価の過程では，関係者でどのようなハザード（事故の原因となる状態，事象，状況）が存在するかを議論し，ハザードを同定するといった作業が行われる．また，リスクマトリクスと呼ばれるハザードの発生頻度と重大さを評価する表を用いて，対策が必要なハザードを特定するということも実施される[20]．リスクマトリクスは，前節で紹介した SORA でも採用されている手法である．

定量的なリスクに関する具体的な例としては，管制間隔基準に係る安全性評価が挙げられる．長岡ら[21]は Reich[22]が考案した衝突リスクモデルを用い

20）天井治，住谷美登里，松岡猛，ハザード解析における事前確率の効率的な推定方法について，第19回電子航法研究所研究発表会，2019.
21）長岡栄，天井治，衝突危険度による洋上複合間隔ルートの安全性評価—I，NOPAC ルートの垂直方向の衝突危険度，日本航海学会論文集，92巻，pp. 319-327, 1995.

て，北太平洋上の航空路における垂直間隔を短縮しても安全性が保たれるかを検討した．具体的な手順としては，過去の航空機事故件数の履歴から，外挿によって将来における許容可能な最大リスクである目標安全度（Target Level of Safety: TLS）を設定し，垂直間隔を短縮した際のリスクが TLS を下回るかを計算した．計算においてリスクは単位飛行時間当たりの致死事故件数［件/飛行時間］で表現され，レーダーデータから推定した航空機が経路から逸脱する量等のパラメータを衝突リスクモデルに入力することで，定量的なリスク値を導いた．

　安全やリスクを評価する方法については，普遍的な手法や指標が存在するわけではなく，議論する対象に応じて評価手法を選択する必要がある．また，検討対象の境界を適切に定めることも重要である．次世代エアモビリティの安全を議論する場合においても，議論の目的に応じてフォーカスを定める必要がある．

　たとえば，議論の対象が空域全体の安全である場合は，想定する空域にどれくらいの次世代エアモビリティが飛行して，空域全体で墜落や衝突といったリスクがどの程度発生するかを考える必要があるが，個々の機体の各コンポーネントの故障率まで考慮するのは検討が緻密すぎる．一方，1回のフライトの安全を議論の対象とするのであれば，同じ空域を飛行するすべての次世代エアモビリティを考慮するのはフォーカスが広すぎるが，検討する機体の各コンポーネントの故障率を考慮に入れるのは妥当である．

　検討対象が広すぎたり，計算が緻密すぎたりすると，リスクを評価すること自体が大変な作業になってしまい，再現性を損なったり，そもそも実際の運用で使われなくなったりする可能性がある．関係者の間で，回避すべきリスクを適切に捉えつつ現実的に利用可能であると合意がとれるようなリスク評価手法が，適切なリスク評価を行っていくためには大切だ．SORA はその好例であるといえる．

---

22) P. G. Reich, Analysis of Long-Range Air Traffic Systems: Separation Standards — I, *The Journal of Navigation*, Vol. 50, Issue 3, pp. 436-447, 1997.

5.5.4 IFR における空中衝突リスクの緩和策

リスクを評価する過程で，そのリスクが受容できないレベルであると判断された場合，何らかの対策を講じて受容できるレベルまでリスクを緩和する必要がある．ここでは空中衝突のリスクにフォーカスして，既存の有人航空機，特に IFR で飛行する航空機におけるリスク緩和について概説する．

有人航空機における空中衝突の防止策を体系的に整理したものとして，国際民間航空機関 (International Civil Aviation Organization: ICAO) によってコンフリクト管理 (Conflict Management)[23] という概念がまとめられている[24]．コンフリクト管理の目的は，航空機が他の航空機や地表面等と衝突するリスクを受容可能なレベルに緩和することであり，以下の3つのレイヤで構成されるとされている．

(a) 戦略的コンフリクト管理 (Strategic Conflict Management)

戦略的コンフリクト管理は第1のレイヤであり，空域構成・管理，需要容量調整[25]，軌道調整によって実施される．ここで，「戦略的」という単語は通常，離陸の前に行われることを意味するが，とりわけ長距離フライトにおいては離陸後の行動であっても戦略的コンフリクト管理に分類されることがある．

(b) 間隔設定 (Separation Provision)

間隔設定はコンフリクト管理の第2のレイヤであり，航空機を他の航空機や地表面等から，少なくとも適切な最小間隔まで遠ざけるための戦術的プロセスである．主に管制官の指示によって，接近する航空機どうしの間隔を保つことで実現される．間隔設定は戦略的コンフリクト管理が効果的に行われなかったときに実施される．

---

23) 航空管制においては，物理的な接触を伴う衝突 (Collision) と，航空機間の間隔が定められた管制間隔を下回るコンフリクト (Conflict) が区別されている．

24) International Civil Aviation Organization, Global Air Traffic Management Operational Concept, Doc 9854, 1st edition, 2005.

25) 需要容量調整 (Demand Capacity Balancing: DCB) とは，空域や空港，航空管制システムが処理可能な交通量 (容量) に対して，ユーザーが希望するフライト数 (需要) が超過する際に，容量超過を防ぐために実施される調整である．具体的には，航空交通流管理による出発便の地上待機などが行われる．

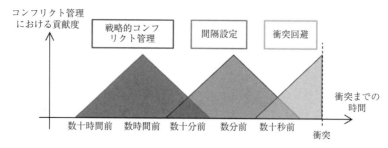

図 5.11　衝突までの時間に対する各レイヤの貢献度のイメージ

(c) 衝突回避（Collision Avoidance）

　衝突回避はコンフリクト管理の第3のレイヤであり，航空機と他の航空機
や地表面等との間隔が所定の間隔を下回ったときに実施されるものである．
衝突回避は，他の航空機との接近であれば空中衝突防止装置（Traffic Alert
and Collision Avoidance System: TCAS）[26]，地表面との接近であれば対地
接近警報装置（Ground Proximity Warning System: GPWS）といった機上
装置が，パイロットに支援情報を出すことで実施される．また衝突回避はコ
ンフリクト管理におけるセーフティネットであると位置づけられている．

　衝突を防止する手段にはさまざまなものが考えられるが，単体であらゆる
状況に対応可能な手段は存在しない．コンフリクト管理においては，衝突に
至るまでの各段階に異なる手段を設けることで，可能な限り多くの衝突を防
止できるような構成となっている（図 5.11）．

5.5.5　次世代エアモビリティの空中衝突リスクの推定

　ここからは次世代エアモビリティの空中衝突リスクの評価とリスクの緩和
へと議論を進めていく．その前提条件として，対象とする航空機がどのよう
な運用環境で飛行するのかを定義する必要がある．前項のような3つのレイ
ヤの組み合わせによるコンフリクト管理により全体の空中リスクを緩和する

26）より正確には航空機衝突防止装置（Airborne Collision Avoidance System: ACAS）
　　が ICAO により定められた衝突防止装置であるが，現在のところ TCAS II が ICAO の
　　標準に適合した唯一の実システムであるため，本書では TCAS と標記する．

のであれば，各レイヤにおける緩和策は，共通の運用環境の前提に基づいて検討しなければならない．そのような運用環境の前提条件は Operational Services and Environment Definition（OSED）と呼ばれている．たとえば，米国の航空無線技術委員会（Radio Technical Commission for Aeronautics: RTCA）は無操縦者航空機（Remotely Piloted Aircraft Systems: RPAS）[27] の衝突回避システム（Detect And Avoid: DAA）を検討するために，RPAS の OSED を作成した[28]．

　OSED として含まれるべき情報にはさまざまなものがある．特に空中衝突リスクの推定のため，次世代エアモビリティが飛行すると想定される環境では現状において航空機がいつ・どこに・どれくらい飛行しているか，すなわちどのような航空交通流が存在しているかを知ることが重要である．航空管制用レーダーのデータが利用可能であれば既存の交通流を知ることができるが，次世代エアモビリティが飛行するような低高度は，ほとんど航空管制用レーダーの覆域外である．そもそも低高度を飛行する VFR 機にはトランスポンダ[29]を装備していない機体が存在するため，航空管制用レーダーに十分に映らない．RPAS の OSED の例では，米空軍の所有する防空レーダーのデータを用いて，可能な限り低高度の交通流を捉える工夫がなされていた[30]．

　空中衝突リスクは検討対象が飛行する周囲の交通流に大きく依存するため，飛行する国やエリアが異なると，同じ次世代エアモビリティであっても結果が大きく異なる．次世代エアモビリティの空中リスクに関しては欧米での検討が先行しているが，欧米での検討は各国の交通流に基づいたものであるた

27）操縦者が乗り組まないで飛行することができる航空機．法的には航空法第 87 条で定義されており，既存の有人航空機と同様に扱われる．JAXA の成層圏プラットフォーム（無人飛行船）や，GAASI 社の MQ-9B SeaGuardian といった機体が存在する．

28）RTCA, Inc. SC-203, Operational Services and Environmental Definition（OSED）for Unmanned Aircraft Systems（UAS），RTCA DO-320, 2010.

29）レーダーには，電磁波を照射して対象からの反射波を受信する一次レーダーと，質問信号を発信し，それを受け取ったトランスポンダが応答した信号を受信する二次レーダーがある．そのため，トランスポンダを装備していない航空機は二次レーダーにはうつらない．航空管制用レーダーは一次レーダーと二次レーダーを組み合わせた構成となっているが，一次レーダーは補助的な位置づけとなっている．

30）M. Johnson, E. R. Mueller, and C. Santiago, Characteristics of a Well Clear Definition and Alerting Criteria for Encounters between UAS and Manned Aircraft in Class E Airspace, 10th USA/Europe ATM R&D Seminar（ATM2015），2015.

め，日本は日本の交通流に基づいた議論をしなければならない．日本で低高
度の既存の交通流を把握する場合，RPAS の OSED 作成のときに米国が防
空レーダーを利用したようなアプローチをとることは難しい．一方で，日本
の場合，諸外国と異なり多くの VFR 機に飛行計画の提出を義務付けており，
そのデータの活用が期待できる．またそもそも低高度における飛行数自体が
少ないので，努力と工夫により，低高度の交通流の把握は可能だと思われる．

　次世代エアモビリティの運用環境，特に周囲を飛行する交通流が定義でき
ると，想定する次世代エアモビリティの飛行のしかた（経路，高度，時間，
頻度等）をその交通流に重ね合わせることで，次世代エアモビリティが他の
航空機と接近遭遇する可能性を定量的に推定することができるようになる．
これは，次世代エアモビリティの空中衝突リスクという，限定された対象に
対するリスクの定量化である．空中リスクに対して何の緩和策も講じていな
いと，次世代エアモビリティの飛行数が増加するに伴って定量的な空中衝突
リスクも増加し，リスクが受容可能なレベルを超えると予想される．そこで，
コンフリクト管理に相当する空中リスク緩和策を次世代エアモビリティに導
入し，推定される空中リスクを受容可能なレベルまで緩和することが必要と
なってくる．

5.5.6　次世代エアモビリティの空中衝突リスク緩和策

　次世代エアモビリティの性質上，既存の有人航空機の空中リスク緩和策を
そのまま適用することはできない．次世代エアモビリティが既存の有人航空
機と大きく異なる点として，多くの場合，機上にパイロットが乗っていない
という点が挙げられる．ドローンの場合は操縦者が搭乗しないことが前提と
なっているが，空飛ぶクルマ（eVTOL）においても，初期的にはパイロッ
トが機上にいることが想定されているケースが多いものの，将来的には地上
からの遠隔操縦，または自動・自律によるパイロットレスで飛行することが
想定されている．

　有人航空機においてはパイロットに目視による周囲の見張り義務があり，
特に VFR 機においてはこの目視によって他機との衝突を防止している．前
述したように次世代エアモビリティは周囲に VFR 機が混在する環境を飛行

することが想定されるが，多くの次世代エアモビリティはパイロットが機上にいないため，この目視を代替する仕組みが必要であるといわれている.

さらに，IFRにおける空中リスクの緩和策をそのまま次世代エアモビリティに適用することができない理由については，前提となる運用環境，特に監視・航法・通信・情報（Communication, Navigation, Surveillance, and Information: CNSI）の環境が異なるという点が挙げられる.たとえば，VFR機はモードSトランスポンダやTCASを装備していないことが多く，仮に次世代エアモビリティがこれらの装備品を有していたとしても，コンフリクト管理で紹介した間隔設定・衝突回避をそのまま導入することはできない.

以上のような状況を踏まえ，ドローン・AAM/UAMに対してはそれぞれに適した空中衝突リスクの緩和策が議論されている.この議論に関してはまだ結論が出ていないため，IFRのコンフリクト管理のようなレイヤ構造が整理されていないが，次世代エアモビリティにおいても衝突に至る複数のレイヤに対して空中リスク緩和策を講じることで，総合的に安全を保つ仕組みをつくる必要があると認識されている.ここで，ドローン・AAM/UAMに対して議論されている，異なるレイヤにおける空中リスク緩和策について，現段階において有望なものをいくつか紹介する.なお，既にドローンへの導入が始まっているリモートIDに関しては，その主目的が飛行の安全ではなく公共の安全であるため，空中リスクの緩和策としては考えない.

(a) 空域分離，UAM コリドー

戦略的コンフリクト管理における最も単純な方法は，空中リスクが存在する航空機どうしが飛行する空域を分離することだ.つまり，VFR機と次世代エアモビリティが飛行する空域をそれぞれ指定することで，両者が接近しないようにする.実際，ドローンに関しては改正航空法において，特別な許可を得ずに空港周辺や150 m以上の高度を飛行することが禁止されている.これは有人航空機とドローンを分離するための措置であると考えられる.

空域の分離は有効な手段であるが，飛行可能な空域が制限されることで飛行の自由度が低下してしまうという問題もある.特に，ドローンであれば元々の飛行高度が非常に低く，飛行距離も限られていたため有人航空機との分離が容易であったが，空飛ぶクルマに関してはVFR機と重なる領域を飛行すると想定されるため，単純に分離することは困難である.加えて，空飛

ぶクルマの飛行目的として空港への移動手段が掲げられており，空港周辺を飛行する有人航空機との分離も考慮する必要がある．

　AAM/UAM を有人航空機やドローンと分離しつつ，その飛行目的を達成するための有望な解決策としては，UAM コリドーが提案されている．UAM コリドーは米国連邦航空局（Federal Aviation Administration: FAA）が発行した UAM ConOps（Concept of Operations）[31]で提案された概念である．コリドーとは3次元的に設定された縦横に一定の幅を持つ空の道であり，UAM はコリドーの中を飛行することで，管制官による間隔設定が提供されていない環境や空港の周辺であっても，他の航空機との間隔を保つことができるというものである．詳細については UAM ConOps や，米国国家航空宇宙局（National Aeronautics and Space Administration: NASA）が発行した UAM Vision Concept of Operations UAM Maturity Level 4[32]を参照されたい．

(b) UTM, PSU

　次世代エアモビリティ，特に小型のドローンに関しては，その数が爆発的に増加することが予想されたため，早い段階から航空管制の対象外であるとされてきた．一方，空飛ぶクルマはドローンと異なり有人航空機でもあるが，ドローンと同様に将来的に多数の機体が飛行すると予想されるため，管制官の負担を著しく増加させないよう，管制官とのやり取りを最小限に抑えつつ，空飛ぶクルマ，およびその周囲を飛行する既存の有人航空機の安全を保つ仕組みが検討されている．

　コンフリクト管理における管制官の最も重要な役割の1つは間隔設定であるが，管制官があまり関与しない次世代エアモビリティにおいては，管制官による間隔設定に代わる空中リスク緩和策を検討しなければならない．加えて，次世代エアモビリティにおいて間隔設定を行うためには CNSI の整備が必要となる．管制官が間隔設定を行うためには，航空機の位置を知るためのレーダーや，パイロットと交信するための航空無線等が必要となる．これら

---

31) Federal Aviation Administration, "Urban Air Mobility (UAM) Concept of Operations," Version 1.0, 2020.

32) National Aeronautics and Space Administration, "UAM Vision Concept of Operations (ConOps) UAM Maturity Level (UML) 4," Version 1.0, 2021.

のCNSIインフラは，飛行エリアごとに性能や規格にばらつきがあると相互運用性がなくなってしまうので，ICAOを中心に標準化がなされている．

CNSIインフラや間隔設定に相当する概念として，ドローンにおいてはUTM（Unmanned Aircraft System Traffic Management）[33]と称される広義の意味でのシステム（仕組み），AAM/UAMにおいてはPSU（Providers of Services to UAM）[34], [35]と名付けられた新しい管理者のもとでの新たな管理の仕組みが提案されている．UTM・PSU共に，既存の航空システムのように各国の航空当局が整備するのではなく，民間主導で導入が進められていくものとされており，そのためUTM・PSUがどのような機能を有するかは各UTM・PSUに委ねられている．しかしながらその基本構造であるアーキテクチャは示されており，既存の航空交通システムとFIMS（Flight Information Management System）と呼ばれるインターフェースを介して接続することや，飛行情報を共有する基盤を備えているものとされている．またUTM・PSUの開発者によって異なるが，構想段階のものも含め多くのUTM・PSUが，間隔設定に相当するコンフリクト検出・解消機能を備えているとされている．UTMに関してはASTM International[36]を中心に標準化が進められているので，詳しくはそちらを参照されたい．

(c) DAA

前述したように，次世代エアモビリティは既存の有人航空機と違い，パイロットの目視がないという課題がある．この課題に対して，パイロットの目視を代替するDAAと呼ばれる仕組みが検討されている．DAAとは，コンフリクトが発生する他の航空機やその他のハザードを検知し，適切な行動をとる能力であり，コンフリクト管理における間隔設定の一部と，衝突回避のレイヤをカバーするとされている．

---

33) Federal Aviation Administration, "Unmanned Aircraft System (UAS) Traffic Management (UTM) Concept of Operations," Version 2.0, 2020.

34) Federal Aviation Administration, "Urban Air Mobility (UAM) Concept of Operations," Version 1.0, 2020.

35) 注32）に同じ．

36) 旧称が米国試験材料協会（American Society for Testing and Materials: ASTM）であったが，国際化に伴いASTM Internationalに改称した．次世代エアモビリティに関してはCommittee F38で議論されている．https://www.astm.org/

　元々，DAA は既存の有人航空機と同じ空域を飛行する RPAS のために検討が進められてきたものであるが，現在，ドローンのための DAA の性能要件に関わる標準化が ASTM International で進められている．RPAS 向けの DAA や TCAS といった従来の衝突回避に関する装備品は，トランスポンダや ADS-B といった，他の航空機を検知するために必要な装置が細かく決められていた．一方，ドローンは機体の飛行特性や，どのようなセンサを用いて他の航空機を検知するかが非常にバリエーション豊富であり，機体の特性やセンサごとに標準を定めるのは現実的ではないため，DAA システムとしてどの程度の性能を有しているべきかという，パフォーマンスベース[37]の形式で標準化が進められている．したがって，この標準に従う DAA システムはさまざまな構成の製品が登場する可能性があるが，現在開発が進められている ACAS sXu[38]がリファレンス実装であるとされている．

　AAM/UAM においては，DAA の標準化や製品化の具体的な動きはまだないが，UAM ConOps 等の各種ドキュメントでは DAA の装備を前提とした議論がなされており，AAM/UAM 向けの DAA についても今後議論が進められると考えられる．

　ここで紹介した空中リスク緩和策は，それぞれ異なる性質を持っており，異なるレイヤを対象としている．そのため，どれか1つの緩和策ですべての空中衝突を防ぐのではなく，複数の緩和策を効果的に組み合わせることで，次世代エアモビリティの飛行環境における空中リスクを受容可能なレベルに抑えることができると期待される．

---

37) 特定の機器ごとにつくられた標準ではなく，システムの性能に基づいてつくられた標準等を指すときに用いられる用語．DAA の例では，「トランスポンダとカメラを装備すること」と装置を指定する代わりに，どのような装置を用いるかは指定せずに，「他機の検出可能範囲が○ km で検出誤差が○ m 以下であること」といった形式のことを指す．

38) TCAS II の後継として，FAA 主導で ACAS X の開発が行われている．ACAS X は大型旅客機向けの ACAS Xa や RPAS 向けの ACAS Xu といった，対象航空機ごとの派生形で構成されており，ACAS sXu は small UAS 向けとされている．

5.6 | まとめ

　次世代エアモビリティの社会実装を進めるにあたり，ドローンや空飛ぶクルマといった新しい航空輸送システムと人との距離感は，既存のものから大きく変わり，より近いものになっていく．それは利便性の向上・生活の質の向上を目指してのことであるが，騒音やプライバシーなどの弊害も予想され，次世代エアモビリティの適性は地域によって異なってくる．ゼロではない弊害を受け入れても受容する意義の見極めの必要性，また所有権が飛行空間まで及ばないとしても土地所有者の利益の及ぶ範囲の保全の観点から，次世代エアモビリティの運航者は，地域住民や土地所有者との対話と信頼の構築は不可欠であり，ベストプラクティスについて関係者，特に自治体間での情報交換が有益であると考えられる．

　また，次世代エアモビリティについては，新規参入者が集まる傾向にあり，航空が培った安全文化を，身近なものへと進化させる必要がある．積極的に日本の業界に取り込んでいきたいと思われる SORA の総合的リスクモデルやセマンティックウェブ，ロバスト性の3つのコンセプト，そして有人航空機の空中衝突リスクに関する考え方を紹介した．次世代エアモビリティと既存のシステムが混在する中での効率的で効果的な安全の仕組みにまだ解はない．ここで紹介された既存の仕組みと，今後検討すべき要素候補に関する知識を広く関係者と共有しながら，次世代の空のルールのデザインが進むことが期待される．

索 引

執筆者および分担一覧 （執筆順）

鈴木真二（第1章）
東京大学未来ビジョン研究センター特任教授

中村裕子（2.1節, 2.4節, 3.1節, 3.6.1項, 3.6.4項, 3.7節, 5.1節, 5.2節, 5.4節, 5.6節）
東京大学大学院工学系研究科スカイフロンティア社会連携講座特任准教授

内閣官房小型無人機等対策推進室（2.2節）

大分県商工観光労働部新産業振興室（2.3.1項）

富山県ワンチームとやま推進室中山間地域対策課（2.3.2項）

長崎県企画部／産業労働部（2.3.3項）

兵庫県産業労働部産業振興局新産業課（2.3.4項）

福島県商工労働部次世代産業課（2.3.5項）

三重県デジタル社会推進局デジタル事業推進課（2.3.6項）

向井秀明（3.2節）
楽天グループ株式会社無人ソリューション事業部ジェネラルマネージャー

倉石　晃（3.3節）
ヤマハ発動機株式会社ソリューション事業本部UMS事業推進部長

濱田雅裕（3.4節）
日本化薬株式会社セイフティシステムズ事業本部エアロ事業推進室室長

小西隆太郎（3.5 節）
一般財団法人日本海事協会交通物流部 UAV プロジェクトマネジャー

三浦　太（3.6.2 項）
一般社団法人総合研究奨励会日本無人機運行管理コンソーシアム

熊田貴之（3.6.3 項）
ブルーイノベーション株式会社代表取締役社長

坂本義親（4.1 ～ 4.3 節，4.4.1 項，4.4.4 項，4.5 節）
東京大学工学系研究科非常勤講師（東大ドローンプロジェクト）／
株式会社 ORSO 代表取締役社長 CEO

高宮悠太郎（4.4.1 項）
株式会社 ORSO セールス＆マーケティング本部 DRONE STAR 事業部部長

稲田悠樹（4.4.2 項）
一般社団法人救急医療・災害対応無人機等自動支援システム活用推進協議会理事長

樹下有斗（4.4.3 項）
IDM 株式会社代表取締役社長

土屋武司（4.4.5 項）
東京大学大学院工学系研究科航空宇宙工学専攻教授

髙原正嗣（4.4.6 項）
株式会社 ORSO 経営企画室

武田智行（5.3 節）
弁護士法人御園総合法律事務所パートナー弁護士

虎谷大地（5.5 節）
国立研究開発法人海上・港湾・航空技術研究所電子航法研究所航空交通管理領域
主任研究員

執筆協力

山田志歩（第 2, 3 章）

坂本弘樹（第 4 章）

株式会社 ORSO 執行役員セールス & マーケティング本部本部長

野﨑浩司（第 4 章）

株式会社オーイーシー上席執行役員 DX プロデュース事業部 事業部長

編者紹介

鈴木真二

東京大学未来ビジョン研究センター特任教授，同大名誉教授，工学博士
1977年東京大学工学部航空学科卒業，1979年同大学院工学系研究科修士課程修了．豊田中央研究所などを経て，1996年東京大学大学院教授．2000〜2001年同大総長補佐，2009年同大航空イノベーション総括寄付講座代表，2014〜2017年同大広報室長，2018年同大スカイフロティア社会連携講座代表，2019年より現職．日本航空宇宙学会会長，日本機械学会副会長などを歴任．『飛行機物語』（ちくま学芸文庫），『ドローンが拓く未来の空』（化学同人），『現代航空論』，『日仏航空関係史』（いずれも共編，東京大学出版会）など著編書多数．

中村裕子

東京大学大学院工学系研究科スカイフロンティア社会連携講座特任准教授，工学博士
2003年東京大学工学部システム創成学科卒業，2004年パリ中央工科大学校産業システム工学特別修士課程修了，2006年東京大学大学院工学系研究科環境海洋専攻修士課程修了．日産自動車株式会社勤務を経て，東京大学総括プロジェクト機構（航空イノベーション総括寄付講座）．2017年8月より現職．アーバンエアモビリティ自治体ネットワーク（UIC2-Japan）発起人．

ドローン活用入門
──レベル4時代の社会実装ハンドブック

2022年12月22日　初　版

［検印廃止］

編　者　　鈴木真二・中村裕子
　　　　　すずきしんじ　なかむらひろこ

発行所　　一般財団法人　東京大学出版会

代表者　吉見俊哉
153-0041　東京都目黒区駒場4-5-29
http://www.utp.or.jp/
電話 03-6407-1069　Fax 03-6407-1991
振替 00160-6-59964

組　版　　有限会社プログレス
印刷所　　株式会社ヒライ
製本所　　牧製本印刷株式会社

©2022 Shinji Suzuki and Hiroko Nakamura, *et al.*
ISBN 978-4-13-062845-7　Printed in Japan

現代航空論 技術から産業・政策まで	東京大学航空イノベーション研究会 鈴木真二・岡野まさ子 編	A5 判 /3,000 円 /242 頁
地域公共交通政策論	宿利正史・長谷知治 編	A5 判 /3,600 円 /260 頁
飛ぶ力学	加藤寛一郎	四六判 /2,500 円 /248 頁
宇宙ステーション入門 [第2版補訂版]	狼　嘉彰・冨田信之・ 中須賀真一・松永三郎	A5 判 /5,600 円 /344 頁
航空機力学入門	加藤寛一郎・大屋昭男・ 柄沢研治	A5 判 /3,800 円 /280 頁
宇宙旅行入門	高野　忠・パトリック コリンズ・ 日本宇宙旅行協会 編	A5 判 /4,900 円 /288 頁
日仏航空関係史 フォール大佐の航空教育団来日百年	クリスチャン ポラック・ 鈴木真二 編	B5 判 /7,000 円 /192 頁
電気推進ロケット入門	栗木恭一・荒川義博 編	A5 判 /4,600 円 /274 頁

ここに表示された価格は本体価格です．御購入の
際には消費税が加算されますので御了承下さい．